DIE AKADEMIE
DER WISSENSCHAFTEN
DER DDR

DIE AKADEMIE DER WISSENSCHAFTEN DER DDR

*

Geschichte und Auftrag

AKADEMIE-VERLAG
BERLIN 1987

Herausgegeben im Auftrag des Präsidenten
der Akademie der Wissenschaften der DDR
vom Sekretär des Präsidiums

Redaktion: Dr. T. Reuter
Redaktionsschluß: August 1986

ISBN 03-05-000 375-8

Erschienen im Akademie-Verlag Berlin,
DDR-1086 Berlin, Leipziger Str. 3—4

Lizenznummer: 202 · 100/170/87
Printed in the German Democratic Republic
Satz: VEB Druckerei »Gottfried Wilhelm Leibniz«,
4450 Gräfenhainichen · 6819
Druck und Bindung: VEB Druckhaus Köthen
Schutzumschlaggestaltung: Wolfgang Janisch
LSV: 0947
Bestellnummer: 754 541 1 (6911)

01950

Inhalt

Anhang

Zum Geleit

Die Akademie der Wissenschaften der DDR – hervorgegangen aus der im Jahre 1700 nach Plänen des deutschen Universalgelehrten Gottfried Wilhelm Leibniz gegründeten Brandenburgischen Societät der Wissenschaften – ist heute ein Zentrum der Grundlagen- und angewandten Forschung der Deutschen Demokratischen Republik. Sie zählt mehr als 350 führende Wissenschaftler aus Mathematik, Natur-, Technik- und Gesellschaftswissenschaften und Medizin zu ihren Ordentlichen, Korrespondierenden und Auswärtigen Mitgliedern. Die Akademie umfaßt nahezu 60 Forschungsinstitute und verschiedene zentrale Einrichtungen mit über 23000 Mitarbeitern.

Mitglieder und Mitarbeiter der Akademie tragen durch ihre Forschungen und ihr gesamtes Wirken bei, die Wissenschaften weiter zu entwickeln und ihre Ergebnisse in die Produktion und andere Bereiche der gesellschaftlichen Praxis zu überführen. Die Inhalte wissenschaftlicher Arbeit an der Akademie werden aus den Hauptrichtungen der wissenschaftlich-technischen Revolution und der ökonomischen Strategie der DDR abgeleitet. Sie sind auf die Erkundung von Gesetzmäßigkeiten in Natur und Gesellschaft, auf die Erschließung neuer wissenschaftlich-technischer Ansätze zur Beschleunigung und Intensivierung des gesellschaftlichen Reproduktionsprozesses, auf die

Bereicherung des geistig-kulturellen Lebens des Volkes und auf die Festigung des Friedens und die Verständigung der Völker gerichtet.

Integriert in das gesamte wissenschaftliche Potential der DDR, pflegt die Akademie eine enge Zusammenarbeit mit Universitäten, Hochschulen und anderen wissenschaftlichen Einrichtungen der Republik. In der vertraglichen Koordinierung strategischer Forschungs- und Entwicklungsrichtungen von Akademieinstituten und Kombinaten der Industrie sowie in der arbeitsteiligen Kooperation bei der Lösung von Forschungsaufgaben manifestiert sich eine neue Qualität der Beziehungen zwischen Akademieforschung und Produktion. Diese Beziehungen sind ein wesentliches Element bei der Verbindung der Ergebnisse des wissenschaftlich-technischen Fortschritts mit den Vorzügen des Sozialismus.

Fruchtbare wissenschaftliche Beziehungen bestehen zu den Akademien der Wissenschaften der UdSSR und der anderen sozialistischen Länder. Ihre Bedeutung wächst im Prozeß der ökonomischen Integration der RGW-Staaten sowie des Ausbaus der politischen, wissenschaftlich-technischen und ökonomischen Beziehungen zwischen allen Bruderländern. Die Akademie ist Mitglied in zahlreichen nichtstaatlichen internationalen wissenschaftlichen Organisationen, unterhält vertragliche Beziehungen zu wissenschaftlichen Akademien und zentralen Forschungseinrichtungen kapitalistischer Länder und junger Nationalstaaten. Die internationalen Beziehungen der Akademie unterstützen die auf Frieden und Verständigung der Völker gerichtete Außenpolitik der DDR.

Die vorliegende Übersicht versteht sich als ein „Wegweiser“ durch die Akademie, der Grundstruktur, Gliederung, Profil, Arbeitsgebiete und weitere Charakteristika der Akademie und ihrer Einrichtungen verdeutlichen soll. Ich hoffe und wünsche, daß dieses Kompendium beiträgt, die gesellschaftliche Integration der Akademie zu fördern und ihre vielseitigen Kooperationsbeziehungen zu vertiefen.

1. Zur Geschichte der Akademie

Von der Gründung bis 1800

Die Akademie wurde am 11. Juli 1700 als Brandenburgische Societät der Wissenschaften in Berlin gegründet. Sie zählt zu den ältesten und bedeutendsten wissenschaftlichen Akademien Europas. Ihr geistiger Vater war *Gottfried Wilhelm Leibniz* (1646–1716), der sich als ein führender Vertreter des aufstrebenden Bürgertums für die Förderung der Wissenschaften einsetzte. Nach seinen Plänen sollte die Akademie die Wissenschaften vorrangig entwickeln, um Wirtschaft und geistiges Leben im Sinne des Bürgertums voranzubringen: Die Akademie müßte „nicht auf bloße Kuriosität oder Wissensbegierde und unfruchtbare Experimenta gerichtet sein, oder bei der bloßen Erfindung nützlicher Dinge ohne Applikation oder Anbringung beruhen ...; sondern man müßte gleich anfangs das Werk samt der Wissenschaft auf den Nutzen richten ... Wäre demnach der Zweck theoriam cum praxi zu vereinigen ..." (Denkschrift von 1700).

Leibniz' Vorstellung von einer wissenschaftlichen Akademie konnte unter den feudalen und kapitalistischen Gesellschaftsbedingungen nur zum Teil verwirklicht werden. Daher verfügte die Akademie über wenig eigene Forschungsstätten wie die Sternwarte, das physikalisch-mathematische Kabinett, ein chemisches Laboratorium, ein mineralogisches Kabinett und einen botanischen Garten.
Im 18. Jahrhundert wurden Charakter und Arbeit der Akademie durch das Wirken führender Wissenschaftler vieler Fachdisziplinen bestimmt. Sie berieten in den Sitzungen der Akademie im Meinungsaustausch wissenschaftliche Probleme und nahmen Berichte entgegen, in denen auch zu Erfindungen und Entdeckungen Stellung genommen wurde. In gedruckten

Porträt Gottfried Wilhelm Leibniz. Um 1700. Gemälde von Johann Friedrich Wentzel d. Ä.

Abhandlungen wurden die Ergebnisse der wissenschaftlichen Öffentlichkeit zugänglich gemacht.

Zum wachsenden Einfluß der Akademie trugen Preisaufgaben bei, die sie seit 1744 ausschrieb. Die Preisaufgaben zielten auf die Entwicklung produktionstechnischer Existenzgrundlagen und des geistigen Lebens der Gesellschaft. Zu den Einsendern solcher Preisschriften gehörten so bedeutende Gelehrte wie Immanuel Kant, Michail W. Lomonossow und Johann Gottfried Herder.

Von 1800 bis 1850

Im 19. Jahrhundert entwickelte sich die Berliner Akademie in einer sich festigenden kapitalistischen Gesellschaft und unter dem nachhaltigen Einfluß der Brüder Wilhelm und Alexander von Humboldt zu einer bedeutenden Stätte der Wissenschaften. Sie konzentrierte ihre Hauptarbeit jetzt auf die regelmäßigen Sitzungen ihrer Mitglieder und auf die Veröffentlichung wissenschaftlicher Forschungsergebnisse. Als wichtige Arbeitsgebiete prägten sich Disziplinen der Geisteswissenschaften weiter aus.

Zu den bedeutendsten Mitglieder der Akademie zählten im 18. und beginnenden 19. Jahrhundert unter anderen:

- der Chemiker Johann Heinrich Pott (1692–1777)
- der Mathematiker Pierre-Louis Moreau de Maupertuis (1698–1759)
- der Mathematiker Leonhard Euler (1707–1783)
- der Chemiker Andreas Sigismund Marggraf (1709–1782)
- der Botaniker Johann Gottlieb Gleditsch (1714–1786)
- der Philosoph Immanuel Kant (1724–1804)
- der Mathematiker und Physiker Johann Heinrich Lambert (1728–1777)
- der Mathematiker Joseph-Louis Lagrange (1736–1813)
- der Astronom Johann Elert Bode (1747–1826)
- der Chemiker Franz Karl Achard (1753–1821)

Darauf fußend kann die Akademie der Wissenschaften heute auf langjährige Traditionen in den Naturwissenschaften, der Altertumskunde, Geschichte und bei philologischen Editionen zurückblicken.

Zunehmende Bedeutung erlangten wissenschaftliche Expeditionen – hervorgehoben sei die des Ägyptologen Richard Lepsius – und wissenschaftliche Unternehmungen. Hierzu gehörten vor allem die Leibniz-Ausgabe, Editionen zur griechischen und römischen Geschichte, Wörterbücher, Sternkarten und Jahrbücher über die Fortschritte der Mathematik.

Von 1850 bis 1945

Seit Mitte des 19. Jahrhunderts wurden Forschungen außer an den Universitäten zunehmend an Einrichtungen des Staates, der Industrie und seit Beginn des 20. Jahrhunderts in den Instituten der Kaiser-Wilhelm-Gesellschaft betrieben. In die Wissenschaftspolitik des bürgerlichen Staates war die Akademie vor allem durch das Wirken ihrer Mitglieder in akademischen Gremien, in Universitäten und Hochschulen sowie in Forschungsinstituten integriert.

Durch Zuwahlen im 19. und zu Beginn des 20. Jahrhunderts hatte die Akademie Gelehrte von hohem wissenschaftlichen Ruf in ihren Reihen, die in ihr eine Stätte des fruchtbaren wissenschaftlichen Meinungsaustausches im Plenum und in den Klassen fanden.

Als Mitglieder der Akademie wirkten im 19. und beginnenden 20. Jahrhundert unter anderen:

in der Mathematik
Karl Gustav Jacob Jacobi
Karl Theodor Wilhelm Weierstraß
in der Physik
Johann Christian Poggendorff
Hermann von Helmholtz
in der Astronomie
Karl Schwarzschild
in der Chemie
Eilard Mitscherlich

Emil Fischer
Ernst Bodenstein
in der Medizin
Rudolf Virchow
Robert Koch
in der Physiologie
Emil Du Bois-Reymond
in den Geisteswissenschaften
Philipp August Böckh
Jacob und Wilhelm Grimm
Theodor Mommsen
Leopold von Ranke
Adolf von Harnack
Adolf Erman.

Zur Weltgeltung der theoretischen Physik in Deutschland im ersten Drittel des 20. Jahrhunderts trug die Akademie z. B. durch das Wirken der Akademiemitglieder

Max Planck
Albert Einstein
Max von Laue
Erwin Schrödinger
Werner Heisenberg

maßgeblich bei.

Die bis in die Gründerjahre der Berliner und der Petersburger Akademie im 18. Jahrhundert zurückreichenden deutsch-russischen Wissenschaftsbeziehungen konnten nach der Großen Sozialistischen Oktoberrevolution bis zum Jahre 1933, begünstigt durch die von der UdSSR verfolgte Politik der friedlichen Koexistenz, fortgeführt werden. Ein Höhepunkt dieser Beziehungen war 1925 das Jubiläum in Moskau und Leningrad zum 200jährigen Bestehen der Akademie der Wissenschaften der UdSSR. An den Festlichkeiten nahm eine repräsentative Delegation der Berliner Akademie teil, der Max Planck angehörte.

Mit der Errichtung der faschistischen Herrschaft in Deutschland begann für die Akademie das finsterste Kapitel ihrer Geschichte. Die Preisgabe der humanistischen Traditionen der deutschen Wissenschaft durch die faschistische Wissenschaftspolitik schmälerte das wissenschaftliche Ansehen der Akade-

Leonhard Euler (1707–1783)

Jacob Grimm (1785–1863)

Hermann v. Helmholtz (1821–1894)

Max Planck (1858–1947)

Albert Einstein (1879–1955)

Gustav Hertz (1887–1975)

mie nachhaltig. Unter dem Druck der nazistischen Machthaber wurde ihr Potential zunehmend in die ideologische und materielle Vorbereitung des 2. Weltkrieges einbezogen. Eine Mehrheit der Akademiemitglieder blieb jedoch, an bürgerlich-humanistischen Positionen festhaltend, bestrebt, diesen Einfluß auf die wissenschaftliche Arbeit in Grenzen zu halten.

Damit waren Voraussetzungen gegeben, daß die Akademie nach dem Sieg über den Faschismus – die faschistisch belasteten Mitglieder wurden ausgeschlossen – ihre Arbeit im wesentlichen mit dem vorhandenen Mitgliederbestand wieder aufnehmen konnte.

Von der Wiedereröffnung 1946 bis zur Gegenwart

Mit der Befreiung des deutschen Volkes sowie der 1949 erfolgten Gründung der DDR begann für die Berliner Akademie ein grundlegend neuer Abschnitt ihrer Entwicklung. Auf Befehl der Sowjetischen Militäradministration vom 1. Juli 1946 wurde die Akademie entsprechend einem Gesuch als „Deutsche Akademie der Wissenschaften zu Berlin" am 1. August 1946 wiedereröffnet.

In Übereinstimmung mit dem historischen Aktionsprogramm der KPD vom 11. Juni 1945 stellte sich die Akademie in den Dienst der Erneuerung der Wissenschaft auf humanistisch-antifaschistischer Grundlage. Der bürgerliche Altertumswissenschaftler Johannes Stroux, Präsident der Akademie von 1946 bis 1951, bezeichnete als neues Wesen der Akademie, „für den gemeinsamen Nutzen und die Wohlfahrt des Volkes zu arbeiten". Im Gründungsdokument von 1946 wurde der Akademie die Aufgabe gestellt, durch wissenschaftliche Arbeiten „zum Aufbau des demokratischen Deutschlands" beizutragen. In engem Bündnis mit der Arbeiterklasse begann ein Prozeß der Integration der Akademie in die antifaschistisch-demokratische bzw. die sozialistische Ordnung.

Aufrechte humanistische Wissenschaftler führten unmittelbar nach der Wiedereröffnung die Tätigkeit der Akademie fort.

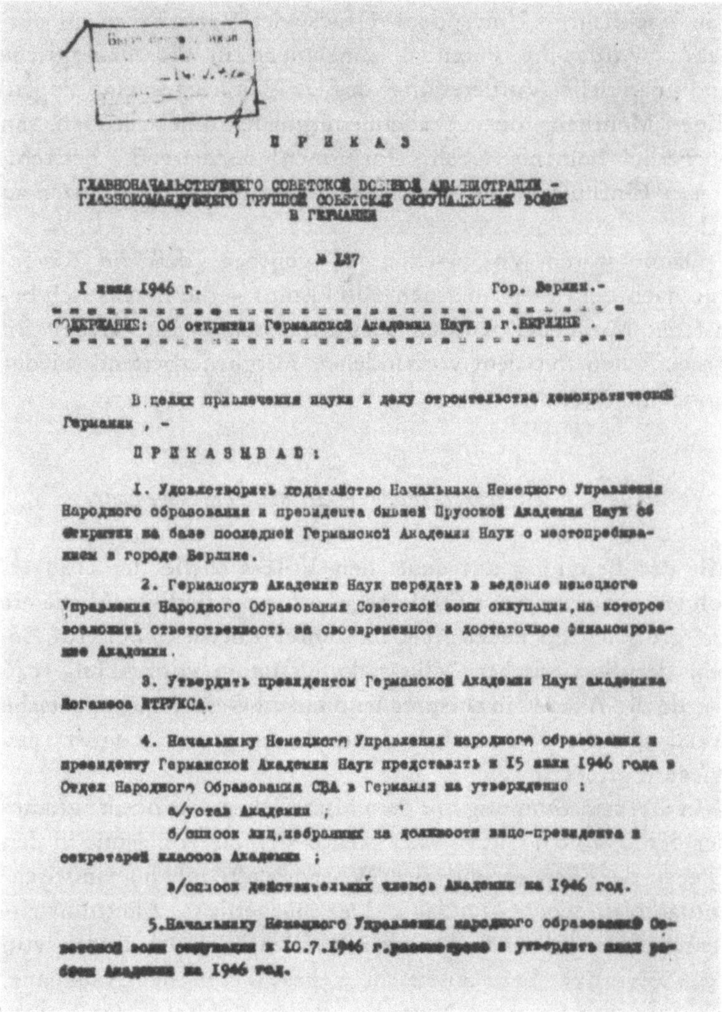

П Р И К А З

ГЛАВНОНАЧАЛЬСТВУЮЩЕГО СОВЕТСКОЙ ВОЕННОЙ АДМИНИСТРАЦИИ –
ГЛАВНОКОМАНДУЮЩЕГО ГРУППОЙ СОВЕТСКИХ ОККУПАЦИОННЫХ ВОЙСК
В ГЕРМАНИИ

№ 187

I июля 1946 г. Гор. Берлин.-

СОДЕРЖАНИЕ: Об открытии Германской Академии Наук в г.БЕРЛИНЕ .

В целях привлечения науки к делу строительства демократической Германии , –

П Р И К А З Ы В А Ю :

I. Удовлетворить ходатайство Начальника Немецкого Управления Народного образования и президента бывшей Прусской Академии Наук об открытии на базе последней Германской Академии Наук с местопребыванием в городе Берлине.

2. Германскую Академию Наук передать в ведение немецкого Управления Народного Образования Советской зоны оккупации,на которое возложить ответственность за своевременное и достаточное финансирование Академии.

3. Утвердить президентом Германской Академии Наук академика Иоганнеса ШТРУКСА.

4. Начальнику Немецкого Управления народного образования и президенту Германской Академии Наук представить к I5 июля 1946 года в Отдел Народного Образования СВА в Германии на утверждение :

а/устав Академии ;

б/список лиц,избранных на должности вице-президента и секретарей классов Академии ;

в/список действительных членов Академии на 1946 год.

5.Начальнику Немецкого Управления народного образования Советской зоны оккупации к I0.7.1946 г.рассмотреть и утвердить план работы Академии на 1946 год.

Befehl Nr. 187 des Obersten Chefs der Sowjetischen Militäradministration, Marschall Sokolowski, über die Wiedereröffnung der Deutschen Akademie der Wissenschaften zu Berlin, 1. Juli 1946.

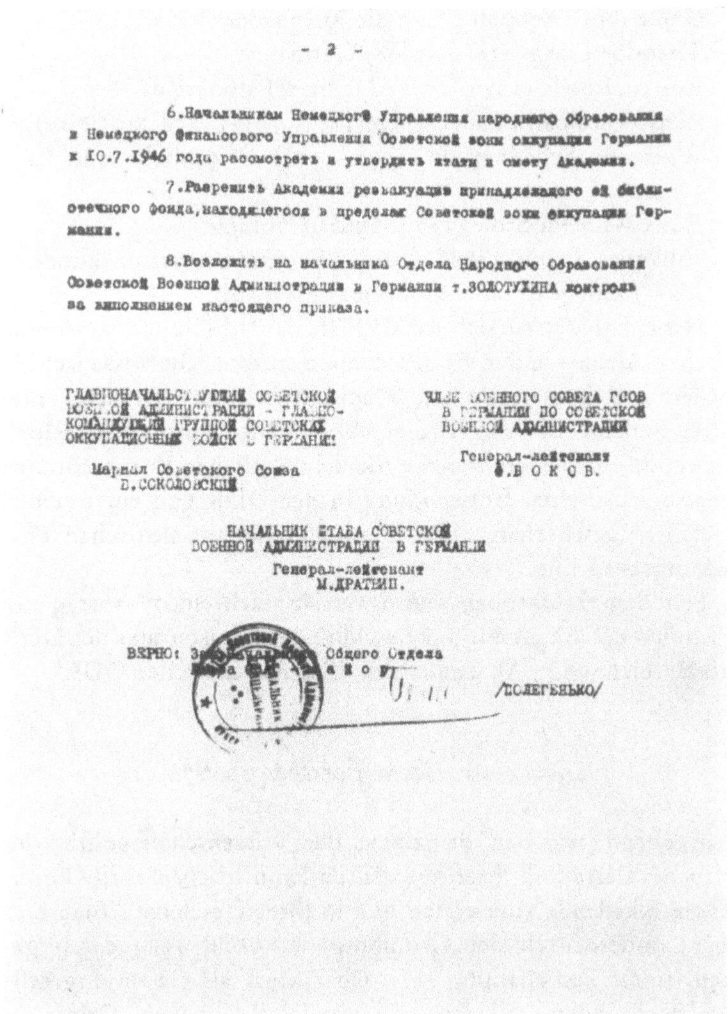

\- 2 -

6.Начальникам Немецкого Управления народного образования и Немецкого Финансового Управления Советской зоны оккупации Германии к 10.7.1946 года рассмотреть и утвердить штаты и смету Академии.

7.Разрешить Академии реэвакуацию принадлежащего ей библиотечного фонда, находящегося в пределах Советской зоны оккупации Германии.

8.Возложить на начальника Отдела Народного Образования Советской Военной Администрации в Германии т.ЗОЛОТУХИНА контроль за выполнением настоящего приказа.

ГЛАВНОНАЧАЛЬСТВУЮЩИЙ СОВЕТСКОЙ ВОЕННОЙ АДМИНИСТРАЦИИ - ГЛАВНОКОМАНДУЮЩИЙ ГРУППОЙ СОВЕТСКИХ ОККУПАЦИОННЫХ ВОЙСК В ГЕРМАНИИ

Маршал Советского Союза
В.СОКОЛОВСКИЙ

ЧЛЕН ВОЕННОГО СОВЕТА ГСОВ В ГЕРМАНИИ ПО СОВЕТСКОЙ ВОЕННОЙ АДМИНИСТРАЦИИ

Генерал-лейтенант
Ф.Б О К О В.

НАЧАЛЬНИК ШТАБА СОВЕТСКОЙ ВОЕННОЙ АДМИНИСТРАЦИИ В ГЕРМАНИИ

Генерал-лейтенант
М.ДРАТВИН.

ВЕРНО: Зам.Начальника Общего Отдела Штаба СВАГ - майор [signature] /ПОЛЕГЕНЬКО/

Unter ihnen befanden sich die Mitglieder:
Theodor Frings (1886–1968) Germanistik
Robert Rössle (1876–1956) Medizin/Pathologie
Ernst Ferdinand Sauerbruch (1875–1951) Medizin/Chirurgie
Wolfgang Schadewaldt (1900–1974) Griechische und lateinische Literatur
Hans Wilhelm Stille (1876–1966) Geologie
Johannes Stroux (1886–1962) Philologie/Altertumskunde
Max Julius Vasmer (1886–1962) Slawistik.

Dabei konnten sie sich auf die Hilfe der UdSSR und der sowjetischen Akademie der Wissenschaften stützen. Die wissenschaftlichen und humanistischen Traditionen ihrer Geschichte und ihrer bedeutendsten Vertreter vergangener Jahrhunderte fortführend, entwickelte sich die Akademie mit dem Voranschreiten der sozialistischen Entwicklung in der DDR von einer reinen Gelehrtengesellschaft alten Typs zu einer sozialistischen Forschungsakademie.

Seit dem 7. Oktober 1972 trägt sie nach einem Antrag des Plenums der Akademie auf Beschluß des Ministerrates der DDR die Bezeichnung „Akademie der Wissenschaften der DDR".

Aufbau eines eigenen Forschungspotentials

Ausgehend von den Prinzipien der Wissenschaftspolitik der Arbeiterklasse und ihrer marxistisch-leninistischen Partei konnte die Akademie zum ersten Mal in ihrer Geschichte 1946 und insbesondere nach der Gründung der DDR 1949 daran gehen, unter Beibehaltung ihres Charakters als Gelehrtengesellschaft ein eigenes Forschungspotential aufzubauen. Damit erhielt zugleich die von Leibniz formulierte Zielstellung für die wissenschaftliche Arbeit, vor allem sein Grundgedanke, theoriam cum praxi zu verbinden, erstmals eine reale gesellschaftliche Grundlage.

Unmittelbar nach der Wiedereröffnung wurden der Akademie wissenschaftliche Institute und Arbeitsstellen für Gebiete der Grundlagen- und angewandten Forschung in den mathematisch-naturwissenschaftlichen, medizinischen, technischen und Gesellschaftswissenschaften angegliedert bzw. von der Akademie gegründet.

Bedeutende akademische Unternehmen nahmen ihre Arbeit wieder auf. Anfang 1949 verfügte die Akademie über 23 Institute und Forschungsstellen.

Zu Beginn der 60er Jahre gehörten bereits über 100 Institute und Arbeitsstellen mit ca. 10000 Mitarbeitern, davon 2200 Wissenschaftlern, zur Akademie. Knapp 15 Jahre nach ihrer Wiedereröffnung und nach nur einem Jahrzehnt ihrer Existenz im ersten deutschen Arbeiter-und-Bauern-Staat besaß die Akademie somit ein eigenes Forschungspotential von beachtlichem Umfang, das ihr ein breites Spektrum wissenschaftlicher Arbeiten sowohl in der Grundlagen- wie in der angewandten Forschung erlaubte und das zunehmend zur Lösung wichtiger gesellschaftlicher und volkswirtschaftlicher Aufgaben eingesetzt wurde.

Das Plenum der Akademiemitglieder wurde durch die Zuwahl bedeutender Natur- und Gesellschaftswissenschaftler zielgerichtet erweitert, um den neuen gesellschaftlichen Anforderungen an die Akademie zu entsprechen.

Die Akademie wurde stärker in den gesellschaftlichen Entwicklungsprozeß einbezogen, und ihre wissenschaftlichen Arbeiten wurden enger mit den praktischen Notwendigkeiten der Wiederherstellung und Entwicklung der Volkswirtschaft verbunden.

Die Entwicklung der Akademie nach ihrer Wiedereröffnung prägten ihre Präsidenten entscheidend mit.

Der von der SED in ihrer Wissenschaftspolitik verfolgte Kurs, das Bündnis der Arbeiterklasse mit der Intelligenz ständig zu festigen und die Wissenschaft für den Aufbau der neuen Gesellschaft heranzuziehen, schloß eine kontinuierliche und großzügige Förderung der Akademie und ihrer Mitglieder ein.

Dem lag die Erkenntnis von der entscheidenden Rolle der Wissenschaft in der wissenschaftlich-technischen Revolution und ihrer Bedeutung für den weiteren sozialistischen Aufbau des Landes zugrunde. Neben der Pflege traditioneller Wissenschaftsgebiete wurden an der Akademie vordringlich jene Disziplinen entwickelt, die den Bedürfnissen der Volkswirtschaft entsprachen und die für die beginnende ökonomische Integration der sozialistischen Länder auf wissenschaftlichem Gebiet erforderlich waren. Seit Beginn der 60er Jahre konzentrierte sich das Potential immer mehr auf Schwerpunkte der gesell-

1

2

3

4

5

6

schaftlichen Entwicklung. Einen Aufschwung nahm auch die gesellschaftswissenschaftliche Forschung der Akademie, in die der Marxismus-Leninismus als theoretische und methodologische Grundlage zunehmend Eingang fand.

Nachdem sich das Plenum der Akademie schon 1953 grundsätzlich zur Notwendigkeit der Planung der Wissenschaft bekannt hatte, wurden neue Prinzipien der Leitung und Lenkung der wissenschaftlichen Arbeit wirksam. Mit der „Forschungsgemeinschaft der naturwissenschaftlichen, technischen und medizinischen Institute" (1957) und der „Arbeitsgemeinschaft der gesellschaftswissenschaftlichen Institute und Einrichtungen" (1963) entstanden Gremien, die der besseren Leitung und Planung der wissenschaftlichen Arbeit und der engeren Zusammenarbeit mit der gesellschaftlichen Praxis dienten und bis 1968 bestanden.

Forschungsakademie der sozialistischen Gesellschaft

Mit der 1968 einsetzenden Umgestaltung der Akademie zur Forschungsakademie der sozialistischen Gesellschaft der DDR entwickelte sich die Akademie zu einem beachtlichen, nach sozialistischen Prinzipien geleiteten Forschungspotential. Das Statut von 1963 wurde 1969 durch ein neues Statut abgelöst, in dem Stellung, Aufgaben und Funktion der Akademie bei der weiteren Gestaltung der entwickelten sozialistischen Gesellschaft fixiert wurden. Die Kreisparteiorganisation der SED an der AdW wurde gegründet.

Der VIII. Parteitag der SED im Jahre 1971 leitete eine neue Etappe der Entwicklung der Akademie der Wissenschaften ein. Das Forschungspotential verdoppelte sich innerhalb der folgenden 10 Jahre. Großzügige Investitionen des Staates er-

1 *Johannes Stroux. Präsident der Akademie von 1946 bis 1951.*
2 *Walter Friedrich. Präsident der Akademie von 1951 bis 1956.*
3 *Werner Hartke. Präsident der Akademie von 1958 bis 1968.*
4 *Max Volmer. Präsident der Akademie von 1956 bis 1958.*
5 *Hermann Klare. Präsident der Akademie von 1968 bis 1979.*
6 *Werner Scheler. Präsident der Akademie seit 1979.*

möglichten es, die materiell-technische Basis der Grundlagen- und angewandten Forschung zu modernisieren und zu erweitern. Es wurden u. a. ein Tandemgenerator und ein technologisches Zentrum im Zentralinstitut für Kernforschung Rossendorf, ein Höchstspannungselektronenmikroskop im Institut für Festkörperphysik und Elektronenmikroskopie Halle, eine Betatronanlage im Zentralinstitut für Krebsforschung Berlin-Buch sowie Technika und Akademie-Industriekomplexe eingerichtet.

Durch Zuwahl zahlreicher Wissenschaftler zu Ordentlichen und Korrespondierenden Mitgliedern vergrößerte sich das Feld der an der Akademie vertretenen Wissenschaftsgebiete bei gleichzeitiger Konzentration auf die Hauptgebiete der mathematischen, naturwissenschaftlichen, technischen und medizinischen Wissenschaften und der Gesellschaftswissenschaften. Das durch die Ordentlichen und Korrespondierenden Mitglieder repräsentierte multidisziplinäre Wissenschaftspotential von hohem Rang wurde immer mehr genutzt, um Einfluß auf die Gesamtentwicklung der Wissenschaft in der DDR und ihre immer engere Verbindung mit der gesellschaftlichen, insbesondere der volkswirtschaftlichen Entwicklung zu nehmen.

Das Gesamtprofil der Akademie hatte sich verändert. Es wurden neue, zukunftsträchtige Forschungsrichtungen aufgebaut bzw. solche verstärkt, die den aus der wissenschaftlich-technischen Revolution resultierenden gesellschaftlichen Bedürfnissen entsprachen (zu den sich auch langfristig als tragfähig erweisenden Gebieten gehörte die Mikroelektronik, Kybernetik, Rechentechnik und Informatik, Automatisierung, Kernenergetik, Werkstofforschung, chemische Hochveredlung, Kosmosforschung – im Rahmen des Programms Interkosmos vor allem Fernerkundung und kosmischer Gerätebau –, Spezialdisziplinen der Biowissenschaften, der Geowissenschaften und der Gesellschaftswissenschaften).

Im gleichen Zeitraum bildete sich auch eine gesamtstaatliche Forschungsplanung heraus. 1974 wurde eine „Konzeption der langfristigen Entwicklung der naturwissenschaftlichen und mathematischen Grundlagenforschung sowie der Grundlagenforschung ausgewählter technischer Richtungen bis zum Jahre 1990" durch den Ministerrat der DDR bestätigt, die wesentliche Fragen der gesellschaftlichen Entwicklung berücksichtigte.

Höchstspannungselektronenmikroskop des Instituts für Festkörperphysik und Elektronenmikroskopie in Halle für wissenschaftliche Problemstellungen der Mikroelektronik und Werkstofforschung.

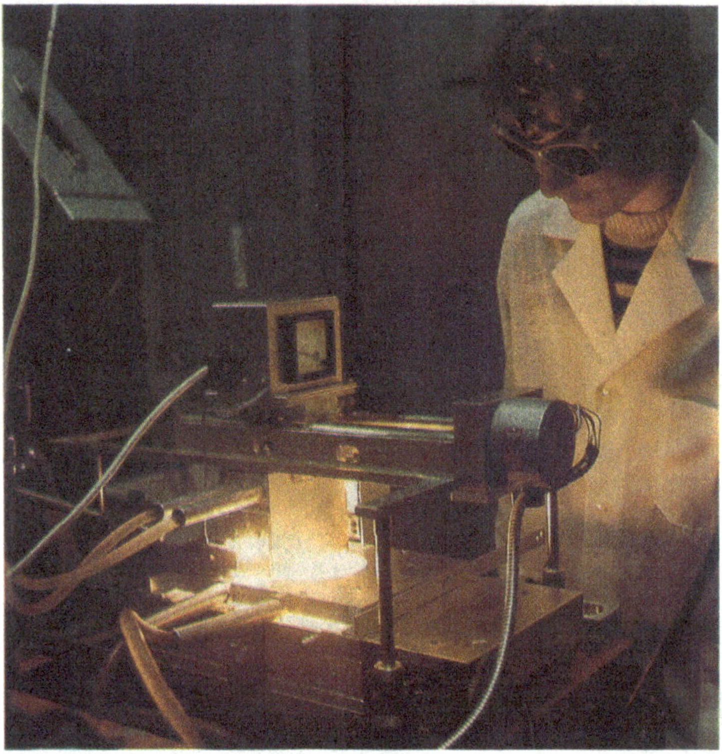

Zentralinstitut für Kernforschung Rossendorf. Zur Modifizierung von Halbleiterschichtstrukturen werden Möglichkeiten zum lokalen Abschmelzen oberflächennaher Bereiche untersucht.

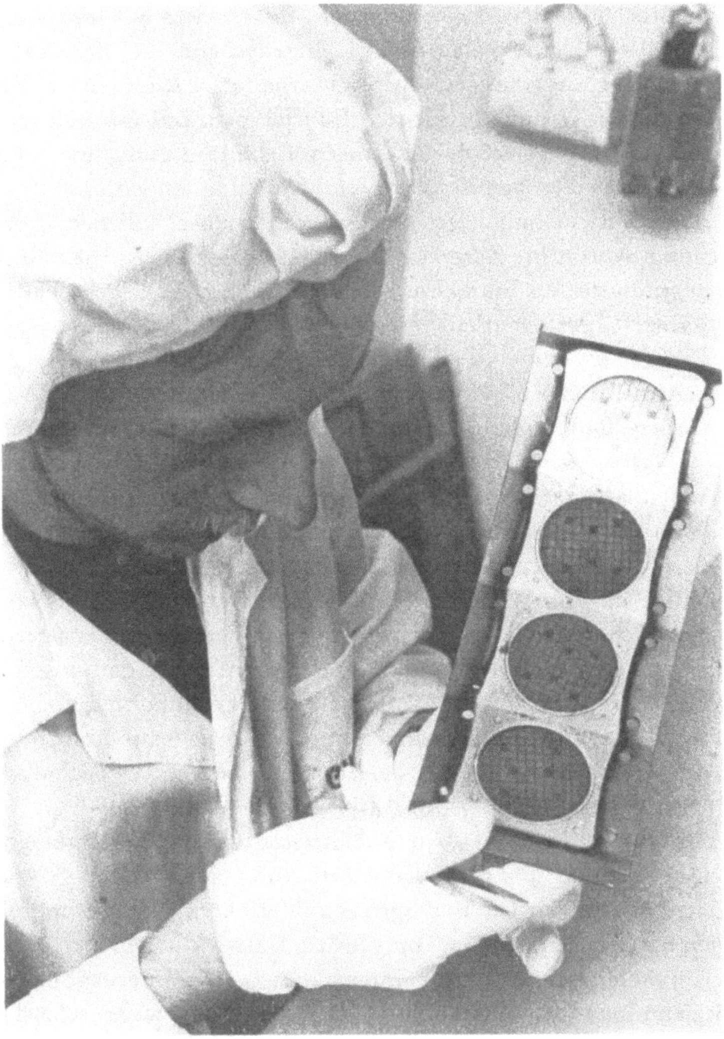

Zentralinstitut für Elektronenphysik. Forschungsschwerpunkt im Technikum für Halbleiter-Leistungsbauelemente sind u. a. kompliziert aufgebaute Metall-Halbleitersysteme und deren Nutzung.

Entsprechend den Erfordernissen der weiteren Gestaltung der entwickelten sozialistischen Gesellschaft, die der VIII. Parteitag zum strategischen Ziel erhoben hatte, wurde die Konzeption Grundlage für den Fünfjahrplan der Grundlagenforschung (1976–1980), für dessen Erfüllung Akademie und Hochschulwesen gemeinsame Verantwortung trugen.

Die Entwicklung der gesellschaftswissenschaftlichen Forschung wurde im Zentralen Forschungsplan 1976–1980 festgelegt, an dessen Erarbeitung und Erfüllung die Gesellschaftswissenschaftler der Akademie maßgeblich beteiligt waren.

Durch zunehmende Abstimmung der Forschungsziele in Akademie und Volkswirtschaft, durch Vereinbarungen mit Ministerien und anderen zentralen Staatsorganen sowie durch den Ausbau der vertraglich geregelten Kooperation zwischen Akademie-Forschungseinrichtungen und den sich in den 70er Jahren entwickelnden Kombinaten erhöhte sich der gesellschaftliche Wirkungsgrad der Akademieforschung. An den Nahtstellen von Wissenschaft und volkswirtschaftlicher Praxis entstanden spezielle Organisationsformen der Zusammenarbeit, die auf eine effektive und rasche Überführung der wissenschaftlichen Ergebnisse in die materielle Produktion gerichtet waren. Besonders zu erwähnen sind die Akademie-Industrie-Komplexe, gemeinsam mit der Industrie betriebene Technika, gemeinsame Forschungs- und Überleitungskollektive.

Es gelang, wie auf dem X. Parteitag der SED festgestellt wurde, durch die Grundlagenforschung mehr Beiträge zu Spitzenleistungen bei Erzeugnissen, Verfahren und Technologien zu erzielen; zu den prägenden Entwicklungen der letzten Jahrzehnte gehört die Intensivierung der internationalen Beziehungen der Akademie, der Ausbau der wissenschaftlichen Zusammenarbeit mit Wissenschaftseinrichtungen vieler Länder. In besonderem Maße verstärkte sich die Forschungskooperation mit der Akademie der Wissenschaften der UdSSR und der anderer sozialistischer Staaten.

Die mit einer langfristigen, abgestimmten Planung einhergehende Kooperation auf bilateraler und multilateraler Basis trug wesentlich zur Sicherung des wissenschaftlichen Vorlaufs für die DDR auf entscheidenden Wissenschaftsgebieten bei.

Die Jahre seit dem X. Parteitag der SED standen ganz im Zeichen qualitativer Veränderungen in der Verflechtung von

Wissenschaft und Produktion. Die Grundlagenforschung und die rasche und breite Verwertung ihrer Ergebnisse rückte immer mehr in den Mittelpunkt der Aufmerksamkeit.

Die Annahme des Statuts vom 28. Juni 1984 mit seinem Bekenntnis, das wissenschaftliche Potential der Akademie der Wissenschaften der DDR planmäßig zur Entwicklung der Hauptrichtungen des wissenschaftlich-technischen Fortschritts und zur Erhöhung der Leistungsfähigkeit unseres Landes einzusetzen, dokumentiert, daß die Zielvorstellung Gottfried Wilhelm Leibniz' zunehmend erfüllt wird.

Der XI. Parteitag der SED übertrug der Wissenschaft unseres Landes weitreichende Aufgaben. Die modernen Schlüsseltechnologien bilden für die kommende Jahre das Bewährungsfeld für Einrichtungen, Mitarbeiter und Mitglieder der Akademie. Sie stellen an die vorausschauende komplexe Erforschung der damit verbundenen naturwissenschaftlichen, sozialen und geistigen Prozesse hohe Ansprüche. Derartige Arbeiten, die in engem Zusammenwirken mit den Kombinaten und anderen Praxisbereichen durchgeführt werden, sind die Basis für das weitere dynamische Wachstum unserer Volkswirtschaft, den sozialen Fortschritt und die Stärkung des Sozialismus, die den Frieden sicherer macht.

4. Juli 1986. Festveranstaltung zum Leibniz-Tag 1986 und zum 40. Jahrestag der Wiedereröffnung der Akademie. Der Generalsekretär des ZK der SED und Vorsitzende des Staatsrates der DDR, Erich Honecker, nimmt dom Präsidenten der Akademie und dem I. Sekretär der Kreisleitung der SED Berichte über Spitzenleistungen der Akademieforschung, die nach dem XI. Parteitag der SED erbracht wurden, entgegen.

2. Die Gliederung der Akademie

Die Mitglieder

Der Akademie gehören Ordentliche, Korrespondierende und Auswärtige Mitglieder an. Führende Vertreter einzelner Disziplinen der Natur-, Technik- und Gesellschaftswissenschaften sowie der Medizin werden durch ihre Wahl zu Akademiemitgliedern zu gemeinsamer Arbeit in den Gremien der Gelehrtengesellschaft, zum Austausch wissenschaftlicher Erfahrungen und Ergebnisse und zur Meinungsbildung über künftige Entwicklungen auf dem Gebiet von Wissenschaft und Technik veranlaßt und verpflichtet. Dieses traditionelle und notwendige Prinzip wurde aus der Geschichte der Akademie übernommen und entsprechend den veränderten gesellschaftlichen Bedingungen angewandt.

Mit ihren 140–150 Ordentlichen und 80–90 Korrespondierenden Mitgliedern verfügen die Akademie und die Wissenschaft der DDR über ein interdisziplinäres Potential, das durch seine Kompetenz gesellschaftliches Ansehen genießt und seine Verantwortung vorrangig darin sieht, sachgerechten und maßgeblichen Einfluß auf den Fortschritt der Wissenschaften in ihrer Gesamtheit und ihre praktische Anwendung im Interesse der weiteren Entwicklung der sozialistischen Gesellschaft auszuüben. Die Mitglieder der Akademie sind gemäß ihrer besonderen Verantwortung als Wissenschaftler verpflichtet, aktiv und unter Einsatz ihrer Persönlichkeit für den Frieden einzutreten.

Der größte Teil der Ordentlichen und Korrespondierenden Mitglieder arbeitet an Instituten der Akademie, an wissenschaftlichen Einrichtungen des Hochschulwesens, des Gesundheitswesens, der Volksbildung und der Kultur sowie an anderen wissenschaftlichen Akademien. Dadurch ist gewährleistet, daß an der Akademie der Wissenschaften der DDR ein umfassender wissenschaftlicher Erkenntnisstand repräsentiert ist.

Mitglied der Akademie wird ein Wissenschaftler durch geheime Wahl im Plenum. Entscheidend für die Wahl zum Akademiemitglied ist die wissenschaftliche Leistung. Das Statut der Akademie legt fest, daß zu Ordentlichen und Korrespondierenden Mitgliedern der Akademie Staatsbürger der DDR gewählt werden können, die Wissenschaft und Technik mit hervorragenden Leistungen und Ergebnissen bereichert, auf deren Nutzung in der gesellschaftlichen Praxis maßgebend Einfluß genommen und sich dadurch hohe Verdienste um den Fortschritt der Wissenschaft in der DDR erworben haben.

Die Wahl neuer Mitglieder ist den Ordentlichen Mitgliedern vorbehalten. Ordentliche Mitglieder sind verpflichtet, regelmäßig an der Arbeit der Akademie mitzuwirken. Von allen Mitgliedern wird erwartet, den Entwicklungsstand und die Entwicklungstendenzen auf ihrem und angrenzenden Wissenschaftsgebieten zu verfolgen und daraus Empfehlungen für diese Disziplinen sowie die gesellschaftliche Praxis abzuleiten. Die Zahl der Ordentlichen Mitglieder (OM) unter 65 Jahren ist auf 90, die Gesamtzahl der Korrespondierenden Mitglieder (KM) auf 100 begrenzt. Die Korrespondierenden Mitglieder sind bei den Wahlentscheidungen im Plenum nicht stimmberechtigt.

Auswärtige Mitglieder der Akademie können Wissenschaftler anderer Länder werden, die sich durch hervorragende wissenschaftliche Leistungen international anerkannte Verdienste um den Fortschritt von Wissenschaft und Technik erworben haben und das im Statut festgelegte humanistische Grundanliegen der Akademie anerkennen. Sie werden ebenfalls von den Ordentlichen Mitgliedern im Plenum gewählt. Der Akademie gehören zur Zeit 138 hervorragende Gelehrte aus 23 Staaten als Auswärtige Mitglieder an.

Die Gremien des gemeinsamen Wirkens der Ordentlichen und Korrespondierenden Mitglieder der Akademie sind das Plenum und die Klassen.

Das Plenum

Laut Statut der Akademie ist das Plenum die Vollversammlung ihrer Ordentlichen und Korrespondierenden Mitglieder. Es wird vom Präsidenten der Akademie geleitet und tritt gewöhnlich einmal im Monat zusammen. Ausgehend von Vorträgen führender Wissenschaftler berät das Plenum grundlegende wissenschaftliche Probleme, die sich aus dem allgemeinen Erkenntnisfortschritt, aus der Differenzierung und Integration der Wissenschaften sowie aus der Anwendung der Wissenschaft in der gesellschaftlichen Praxis ergeben. Das Plenum leistet Beiträge zur Förderung und Gestaltung von Wissenschaft und Technik, Bildung, Kultur und Gesundheitsschutz und zur Pflege progressiver Traditionen in der Wissenschaft. Die Akademiemitglieder gewinnen Erkenntnisse über Tendenzen in der Wissenschaftsentwicklung und unterstützen die Klärung von Querschnittsproblemen der Wissenschaft. Durch seine Arbeit ist das Plenum in der Lage, Empfehlungen zu Grundfragen der Wissenschaftsentwicklung in der DDR zu geben.

Besondere Bedeutung haben die Karl-Marx-Vorlesung und der Leibniz-Tag.

Die *Karl-Marx-Vorlesung* wird seit 1953 jedes Jahr im Mai anläßlich des Geburtstages von Karl Marx veranstaltet. Den Vortrag hält ein führender Wissenschaftler, der sich mit spezifischen Aspekten der Lehre von Marx und deren Weiterentwicklung in der Gegenwart beschäftigt.

Alle drei Jahre wird anläßlich der Karl-Marx-Vorlesung der „*Friedrich-Engels-Preis*", die höchste Auszeichnung der Akademie auf dem Gebiet der Gesellschaftswissenschaften, verliehen.

Der *Leibniz-Tag*, die festliche Sitzung des Plenums am ersten Freitag im Juli jeden Jahres, ist der Höhepunkt des geistigen Lebens der Akademie und darüber hinaus zugleich ein öffentlich beachtetes gesellschaftliches Ereignis. Die Akademie erinnert damit sowohl an den Geburtstag ihres Begründers, Gottfried Wilhelm Leibniz, der am 1. Juli 1646 geboren wurde, als auch an die Wiedereröffnung der Akademie am 1. August 1946.

Auf der Festveranstaltung, an der neben den Ordentlichen und Korrespondierenden Akademiemitgliedern Repräsentanten der Partei und des Staates, zahlreiche Gäste aus wissenschaftlichen Einrichtungen und Vertreter der Volkswirtschaft der DDR sowie ausländischer Akademien teilnehmen, gibt der Präsident der Akademie Bericht über das Wirken der Akademie in der Gesellschaft, über Forschungsergebnisse des zurückliegenden Jahres. Diese öffentliche Rechenschaftslegung ist verbunden mit wissenschaftspolitischen Ausblicken und perspektivischen Vorhaben. Der wissenschaftliche Festvortrag ist neuesten Erkenntnissen einer Disziplin oder einer disziplinübergreifenden Thematik gewidmet.

Am Leibniz-Tag werden die neugewählten Ordentlichen, Korrespondierenden und Auswärtigen Mitglieder vorgestellt. Die neugewählten Korrespondierenden Mitglieder informieren in Kurzvorträgen über wissenschaftliche Ergebnisse. Weiterhin erfolgt die feierliche Verleihung von hohen Akademie-Auszeichnungen an verdienstvolle Wissenschaftler, zu denen die „Ehrenspange der Akademie der Wissenschaften der DDR", die „Helmholtz-Medaille" und die „Leibniz-Medaille" gehören.

Die Klassen

Die Klassen der Akademie sind Arbeitsgremien der Ordentlichen und Korrespondierenden Mitglieder eines oder mehrerer benachbarter Wissenschaftsgebiete. Zur Zeit gibt es zehn Klassen. Jedes Akademiemitglied gehört einer Klasse seiner Wahl an. Die Klassen beraten grundlegende Fragen der Entwicklung ihrer Wissenschaftsgebiete und der Wechselbeziehungen zwischen den einzelnen Disziplinen. Sie konzentrieren sich in ihrer Tätigkeit auf aussichtsreiche Erkenntnisse, absehbare Entwicklungstrends sowie auf die Erarbeitung von Empfehlungen für die langfristige Entwicklung der Grundlagenforschung und zur effektiven Überführung von Forschungsergebnissen in die gesellschaftliche Praxis. Die Klassen tragen zur theoretischen Vertiefung der Wissenschaftsdisziplinen und zu ihrer Verflechtung bei und erarbeiten Empfehlungen zur Auswahl und zur Förderung bedeutsamer Aufgaben und Methoden der Forschung. Ausgehend vom Gesamtbild der jeweiligen Disziplin werden Empfehlungen über die Nutzung ihrer Ergebnisse gegeben. Die Klassen beziehen Stellung zu Schlüsselgebieten des wissenschaftlich-technischen Fortschritts. Gemeinsame Beratungen von Klassen dienen der Vertiefung der interdisziplinären Zusammenarbeit.

Leibniz-Tag 1984. Prof. Kurt Hager, Mitglied des Politbüros und Sekretär des ZK der SED, gratuliert Akademiemitglied Arnold Graffi zur Auszeichnung mit der Helmholtz-Medaille. Akademiemitglied Helmut Koziolek (r.) erhielt den Friedrich-Engels-Preis.

Leibniz-Tag 1986. Festveranstaltung – Gäste sind der Generalsekretär des ZK der SED und Vorsitzende des Staatsrates der DDR, Erich Honecker, und die Mitglieder des Politbüros und Sekretäre des ZK der SED Prof. Kurt Hager und Günter Schabowski.

Klasse Physik

Vorsitzender: OM Robert Rompe

Die Klasse fördert die disziplinäre Entwicklung der Physik als Ganzes unter besonderer Berücksichtigung fundamentaler Fragen der Hochenergiephysik, der Kernphysik und Fusionsforschung, der Festkörper- und Grenzflächenphysik sowie ausgewählter Kapitel der Theoretischen Physik. Untersuchungsgegenstände sind auch die Rolle der Physik im gesellschaftlichen Reproduktionsprozeß und die Anwendung physikalischer Wirkprinzipien in technologischen Systemen. Die Beziehungen der Physik zu den Nachbardisziplinen in Naturwissenschaft und Technik einschließlich der dort auftretenden physikalisch relevanten Probleme werden beraten.

Klasse Mathematik

Vorsitzender: OM Lothar Budach

Schwerpunkte der Arbeit der Klasse bilden grundlegende Fragestellungen der theoretischen und angewandten Mathematik unter Berücksichtigung der volkswirtschaftlichen Nutzungsmöglichkeiten. Die Klasse befaßt sich mit Problemen, die die internationale mathematische Forschung bestimmen und die für die Entwicklung der Disziplin in der DDR von Bedeutung sind. Bei der Behandlung von Beiträgen der Mathematik zum technischen und gesellschaftlichen Fortschritt, beispielsweise für die Mikroelektronik, die Informationsverarbeitung und Rechentechnik sowie für ökonomische Prozesse, spielt die Verflechtung ihrer einzelnen Forschungsrichtungen eine zunehmende Rolle.

Klasse Chemie

Vorsitzender: OM Hermann Klare

Die Klasse Chemie fördert – ausgehend von neuen Erkenntnissen auf dem umfangreichen Gebiet der anorganischen, organischen und physikalischen Chemie – die Meinungsbildung und Entscheidungsfindung über volkswirtschaftlich aussichtsreiche Richtungen des Forschungsvorlaufs und der angewandten Wissenschaft.

Die Klasse berät unter anderem Grundfragen der Katalyse, der Polymerenchemie, der chemischen Verfahrenstechnik und der Veredlung chemischer Rohstoffe.

Klasse Biowissenschaften

Vorsitzender: OM Eberhard Hofmann

Die Klasse berät fundamentale Probleme der Biowissenschaften in ihrer ganzen Breite und deren gesellschaftliche bzw. volkswirtschaftliche Nutzung. Besonders gefördert werden die Grundlagen der Biotechnologie wie die Gen-, Enzym- und Immuntechnik. Beratungsgegenstände sind u. a. auch Fragen der gesunden Ernährung, der Pflanzenbiologie, der Entwicklungsbiologie sowie der Verhaltensforschung und ihrer Ergebnisse. Die Klasse untersucht die interdisziplinären Verflechtungen innerhalb dieser Gebiete sowie zur Medizin, Chemie, Physik und Mathematik.

Klasse Medizin

Vorsitzender: OM Rudolf Baumann

Die Klasse behandelt neueste Forschungsergebnisse von theoretischer und praktischer Bedeutung, so z. B. Resultate der tierexperimentellen und klinisch-experimentellen Grundlagenforschung. Sie befaßt sich ferner mit klinisch-angewandter Forschung und gesundheitspolitisch bedeutenden Problemen, wie z. B. molekular-biologischen Grundlagen fundamentaler Lebensprozesse, mit Krankheitsgruppen von hoher gesundheitspolitischer Relevanz (Herz-Kreislauf-Krankheiten, Krebskrankheiten, Infektionskrankheiten u. a.), mit der Erweiterung und Verbesserung diagnostischer Methoden, mit der Einführung neuer Therapieverfahren sowie mit Entwicklungen der Medizintechnik, der Kunststoffprothetik, des Organersatzes und künstlicher Organe.

Klasse Werkstoffwissenschaft

Vorsitzender: OM Werner Lange

Die Klasse analysiert das umfangreiche und ausgeprägt interdisziplinären Charakter aufweisende Feld der Werkstoffwissenschaft. Unter Berücksichtigung des fortgeschrittenen nationalen und internationalen Standes werden Probleme der metallischen, der organisch-hochpolymeren und der anorganisch-nichtmetallischen Werkstoffe sowie die Verfahren ihrer Herstellung diskutiert. Von wachsender Bedeutung sind Fortschritte in den Verfahren der Werkstoffprüfung und -diagnostik. Die Klasse bildet sich fundierte Standpunkte zu grundlegenden Fragen der Werkstoffwissenschaft und schätzt die zu erwartende wissenschaftlich-technische Entwicklung auf diesem Sektor ein.

Klasse Geo- und Kosmoswissenschaften
Vorsitzender: OM Wolfgang Böhme

Die Klasse berät disziplinäre Probleme der Seismologie, der Physik des Erdinneren, der Geologie, Geochemie und Mineralogie, des Geomagnetismus, der Geoökologie, der Hydrologie, der Ozeanologie und Meeresforschung, Meteorologie und Atmosphärenforschung, der Planetenforschung, Astronomie und Astrophysik. Dabei geht es um Meinungsbildung sowohl zu erkenntnisorientierten Problemen, zu neuen methodischen Trends und gerätetechnischen Mitteln als auch zu geowissenschaftlichen Komplexforschungsthemen. Sie wirkt insbesondere beratend und unterstützend bei strategischen Fragen der Entwicklung der Geo- und Kosmoswissenschaften und ihrer Anwendung.

Klasse Informatik, Kybernetik und Automatisierung
Vorsitzender: OM Ulrich Hofmann

Im Mittelpunkt der Arbeit der Klasse stehen Probleme der Informatik zur Entwicklung von Programmiersprachen und Programmiertechnologien sowie Programmsystemen zur Effektivierung der Mensch-Maschine-Kommunikation, Probleme der Kybernetik zur Entwicklung von Verfahren und Systemen zum rechnergestützten Entwurf mikroelektronischer Schaltkreise, digitaler Steuerungen und automatisierter Anlagen und Probleme der Automatisierung von produktionsvorbereitenden und Fertigungsprozessen und der Büroautomatisierung mittels rechnergestützter Arbeitsplätze. Sie fördert die Forschung zur Steuerung technischer und nichttechnischer Systeme und Prozesse.

Klasse Philosophie, Ökonomie, Geschichte, Staats- und Rechtswissenschaften
Vorsitzender: OM Helmut Koziolek

Die Akademiemitglieder beraten in dieser Klasse theoretische und methodologische Grundfragen der marxistisch-leninistischen Philosophie, der politischen Ökonomie, der Geschichts-, Staats- und Rechtswissenschaften unter dem Gesichtspunkt der Erfordernisse, die sich aus der gesellschaftlichen Praxis der entwickelten sozialistischen Gesellschaft und aus disziplinären und interdisziplinären Aspekten der Wissenschaftsentwicklung ergeben.

Klasse Literatur, Sprach-, Geschichts- und Kunstwissenschaften

Vorsitzender: OM Joachim Herrmann

Behandelt werden vorrangig die Zusammenhänge von Sprache, Literatur und Kunst und deren Wirkungsweise, die Rolle der Volksmassen in Geschichte und Gegenwart sowie der politische und ideologische wie kulturelle Formierungsprozeß der Arbeiterklasse und seine Widerspiegelung in Philosophie, Literatur, Sprache und Kunst.

In beiden gesellschaftswissenschaftlichen Klassen werden die wissenschaftlichen Probleme mit der Zielsetzung verfolgt, Beiträge zu einem materialistischen Weltbild, zur sozialistischen Bewußtseinsbildung und zu einer theoretischen Auseinandersetzung mit bürgerlicher Ideologie zu leisten.

Die Akademie als Forschungseinrichtung

An der Akademie der Wissenschaften wird auf einer Vielzahl mathematisch-naturwissenschaftlicher, medizinischer, technischer und gesellschaftswissenschaftlicher Disziplinen *Grundlagen- und angewandte Forschung* geleistet.

Durch Vorstoß in wissenschaftliches Neuland, durch Fortschritte in der Erkenntnis der Gesetzmäßigkeiten von Natur und Gesellschaft sowie in der wissenschaftlichen Methodik werden Möglichkeiten erschlossen, Natur- und Gesellschaftsprozesse bewußt zu nutzen.

Verantwortlich für die Forschung an der Akademie der Wissenschaften ist der *Präsident*, der bei grundsätzlichen Entscheidungen zur langfristigen wissenschaftlichen Entwicklung durch das *Präsidium*, bei Fragen der unmittelbaren Leitungstätigkeit, der Planausarbeitung und -durchführung durch das *Kollegium* beraten wird.

Über die Aufgaben von Präsidium und Kollegium der Akademie heißt es im Statut:

Das Präsidium

(1) Das Präsidium der Akademie berät über die Vorbereitung grundsätzlicher Entscheidungen des Präsidenten zur langfristigen wissenschaftlichen Entwicklung und zur Forschungs-

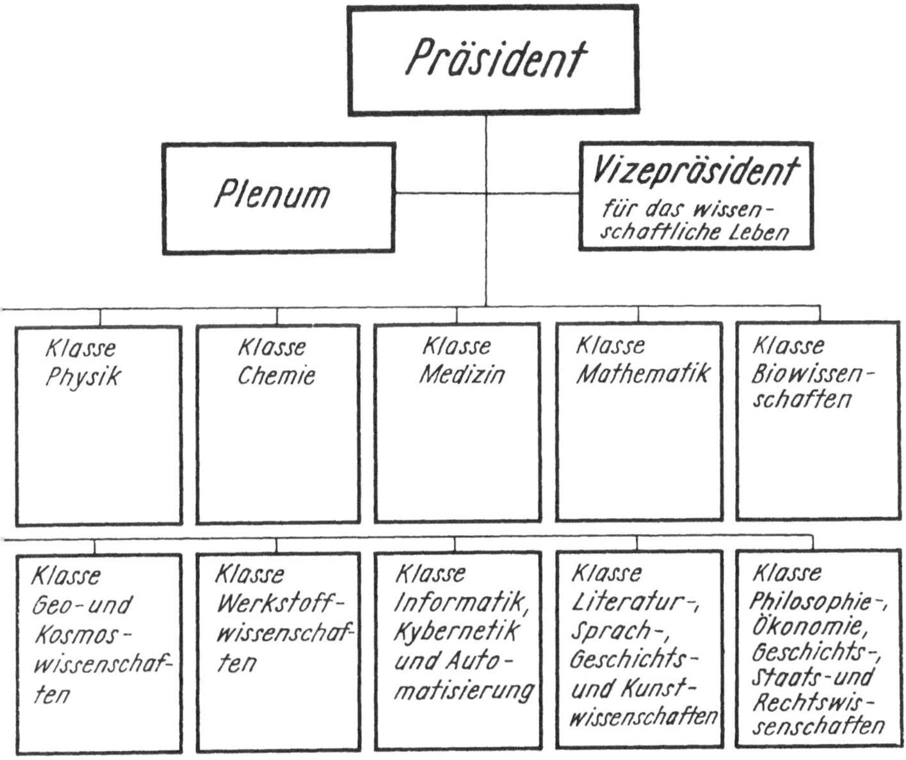

Die Gelehrtengesellschaft der AdW der DDR

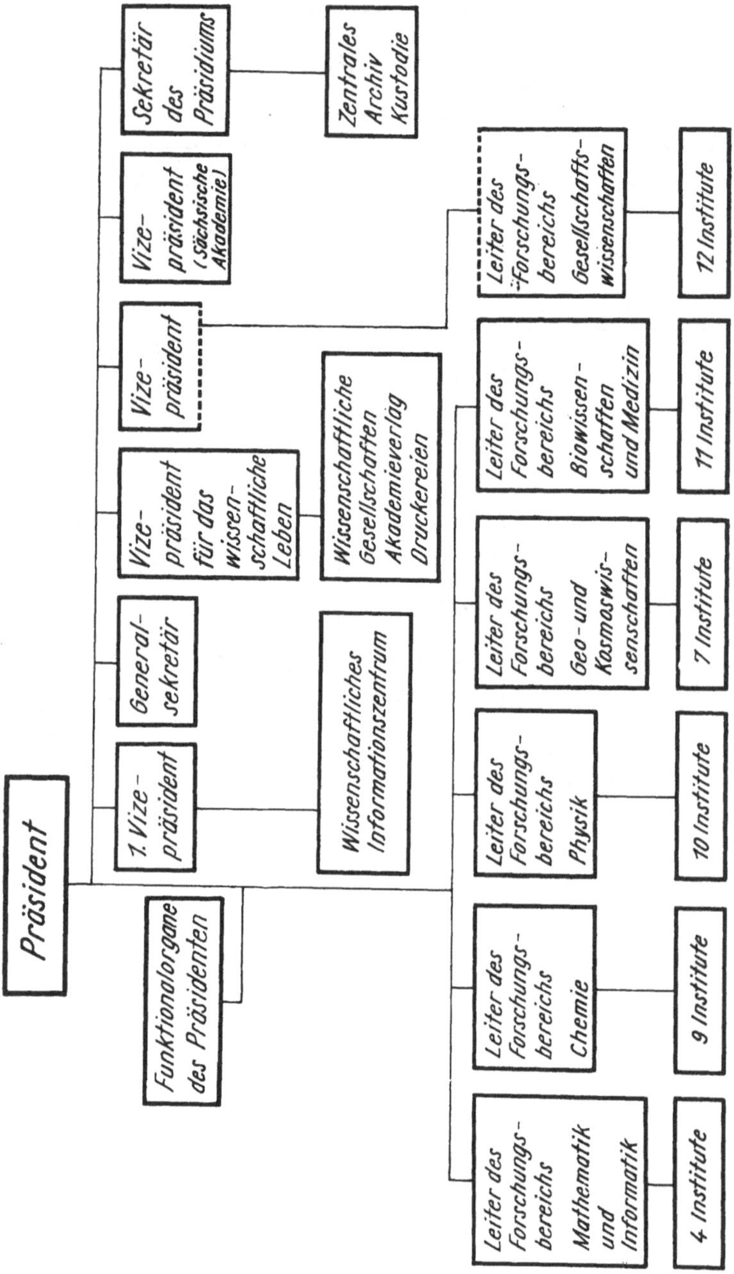

Die Struktur der AdW der DDR

strategie der Akademie sowie zur Gestaltung des wissenschaftlichen Lebens in der Akademie und zur Tätigkeit ihrer wissenschaftlichen Gremien, Forschungsbereiche und Institute. Das Präsidium berät über Empfehlungen der Akademie zur Wissenschaftsstrategie der DDR, über die Vorbereitung von Beratungen und Empfehlungen des Plenums und über die Entwicklung der internationalen Beziehungen der Akademie.

Das Kollegium
(1) Das Kollegium der Akademie ist das Beratungsgremium des Präsidenten für die Vorbereitung von Entscheidungen des Präsidenten über die Ausarbeitung der Pläne der Akademie, die Sicherung der Plandurchführung, die Kontrolle der Planerfüllung und die Berichterstattung hierüber sowie über die Entwicklung des Kaderpotentials, die Gestaltung der innerstaatlichen und internationalen Kooperationsbeziehungen der Akademie und über Maßnahmen zur Durchsetzung des sozialistischen Rechts.

Dem Präsidenten der Akademie stehen zur Ausübung seiner Leitungstätigkeit Vizepräsidenten und der Generalsekretär zur Seite. Der 1. Vizepräsident ist der ständige Stellvertreter des Präsidenten. Zugleich ist er für die Koordinierung der analytisch-prognostischen Arbeit, der Planung und der innerstaatlichen Kooperationsbeziehungen der Akademie verantwortlich. Für die Entwicklung der internationalen Wissenschaftskooperation bzw. Wissenschaftsbeziehungen der Akademie ist der Generalsekretär in Vertretung des Präsidenten verantwortlich. Ein Vizepräsident leitet den Bereich der Gesellschaftswissenschaften. Auch die Verantwortung für Fragen des wissenschaftlichen Lebens, der wissenschaftlichen Gesellschaften, des Publikationswesens der Akademie und der Förderung des wissenschaftlichen Nachwuchses nimmt in Vertretung des Präsidenten ein Vizepräsident wahr. Der Präsident der Sächsischen Akademie der Wissenschaften zu Leipzig ist zugleich Vizepräsident der AdW der DDR.

Die Bearbeitung der mitunter sehr komplexen Aufgabenstellungen in den Einrichtungen der AdW der DDR erfordert ein hohes Niveau der Arbeitsteiligkeit und der Gemeinschaftsarbeit unter den an der Akademie vertretenen Wissenschaftsdisziplinen.

Diesen Prämissen folgt die institutionelle Gliederung der Akademie als Forschungseinrichtung.

Die Akademieforschung vollzieht sich in

23 Zentralinstituten
25 Instituten
4 Forschungsstellen.

Zur Erfüllung ihrer Aufgaben verfügt die Akademie ferner über

ein Zentrum für wissenschaftlichen Gerätebau,
ein wissenschaftliches Informationszentrum und
ein Zentrales Archiv sowie
Verlage und andere Einrichtungen der Forschungsversorgung.

Die Institute sind in Forschungsbereiche zusammengefaßt, die Forschungen auf gleichartigen oder zueinander in Beziehung stehenden Wissenschaftsgebieten betreiben. Durch die Forschungsbereiche Mathematik und Informatik, Chemie, Physik, Geo- und Kosmoswissenschaften, Biowissenschaften und Medizin, Gesellschaftswissenschaften wird das wissenschaftliche Potential in Übereinstimmung mit der Entwicklung der Disziplinen und der langfristigen gesellschaftlichen Zielstellungen nach Gesichtspunkten einer koordinierten Arbeitsteilung gegliedert.

Zu den größten Einrichtungen zählen das Zentralinstitut für Kernforschung Rossendorf und das Zentrum für wissenschaftlichen Gerätebau mit jeweils ca. 1500 Mitarbeitern sowie die Zentralinstitute für Festkörperphysik und Werkstofforschung und für Mikrobiologie und experimentelle Therapie.

Insgesamt sind in den Forschungseinrichtungen der Akademie ca. 8000 Wissenschaftler tätig. Darunter befinden sich

71 Ordentliche und Korrespondierende Mitglieder
434 Professoren
4761 graduierte Wissenschaftler.

Moderne Forschung hängt wesentlich vom Niveau, der Verfügbarkeit und dem Zustand wissenschaftlicher Geräte und Ausrüstungen ab. Die Akademie bedarf daher einer umfangreichen *materiell-technischen Basis*. Dank der großzügigen Förderung im Rahmen der Wissenschaftspolitik der SED stehen ihr Grundfonds im Bruttowert von ca. 2,8 Mrd. Mark zur Verfügung.

Die Kapazität des wissenschaftlichen Gerätebaus als eine unikale Quelle für die Ausrüstungserneuerung hat sich seit Beginn der siebziger Jahre etwa im Fünf-Jahres-Abstand verdoppelt. Der wissenschaftliche Gerätebau der Akademie konzentriert sich auf hochleistungsfähige Forschungstechnik, mit der methodischer Fortschritt auf Schlüsselgebieten von Wissenschaft und Technik gesichert werden soll.

In den letzten Jahrzehnten wurden zur Stärkung der materiell-technischen Basis an den naturwissenschaftlich-technischen Einrichtungen der Akademie 18 technische Versuchseinrichtungen (Technika) aufgebaut. Weitere sind vorgesehen. In den Technika werden Erkenntnisse der Grundlagenforschung und angewandten Forschung technologisch aufbereitet und volkswirtschaftlich verwertbare Anwendungsmöglichkeiten erschlossen. Sie dienen der schnelleren Überführung von Forschungsergebnissen in die Produktion und entstehen zunehmend mit Unterstützung der Industriepartner der Akademie. Technika sind zugleich für den Forschungsprozeß verschiedener Institute unerläßlich, z. B. für die technologische Forschung, die Herstellung von Forschungsmaterialien, Applikationsmustern, Chemikalien und biologischen Substanzen. Sie dienen ferner der Herstellung und Erprobung von Geräten in der Grundlagenforschung sowie der Aus- und Weiterbildung von Spezialisten.

Die Forschung als komplexer Arbeitsprozeß erfordert umfangreiche Dienstleistungen vor allem auf dem Gebiet der Materialversorgung, des Geräte- und Rationalisierungsmittelbaus, der Informationsbereitstellung und -aufbereitung.

Die Akademie verfügt über eine Anzahl spezialisierter Dienstleistungseinrichtungen wie Bibliotheken, Archive, Verlage, Druckereien und Rechenzentren.

Die Akademie der Wissenschaften der DDR

- umfaßt insgesamt 72 Institute und Einrichtungen, darunter 53 Forschungseinrichtungen, in denen auf nahezu allen Wissenschaftsgebieten Grundlagen- und angewandte Forschung betrieben wird;
- verfügt über umfangreiche Einrichtungen für wissenschaftliche Dienstleistungen, wie
  - das wissenschaftliche Informationszentrum mit der Hauptbibliothek sowie 70 Netzbibliotheken der Institute, die zusammen über mehr als 2 Mio. Bestandseinheiten und 20000 wissenschaftliche Zeitschriften verfügen

– das Zentrale Akademie-Archiv und die Kustodie
– den Akademie-Verlag Berlin und den Verlag Herrmann Böhlaus Nachfolger Weimar
– fünf akademieeigene Druckereien
– das Zentrum für den wissenschaftlichen Gerätebau
– mehrere Rechenzentren;

- betreibt Forschungsgroßgeräte bzw. -einrichtungen, darunter Forschungsschiffe, einen Kernforschungsreaktor, Teleskope, Observatorien, eine Satellitenbeobachtungsstation, limnologische Stationen, Kliniken und Technika.

Zentralinstitut für Physik der Erde Potsdam. Auswertung aerokosmischer Fernerkundungsaufnahmen im methodisch-diagnostischen Zentrum. Die hier entwickelten theoretischen Grundlagen und Auswertemethoden bilden die Basis für die Nutzung von Fernerkundungsdaten insbesondere auf den Gebieten der Geologie, Land- und Forstwirtschaft, Umweltschutz und Kartographie, und haben zur Weiterentwicklung einer weltmarktfähigen Gerätetechnik durch das Kombinat VEB Carl Zeiss Jena beigetragen.

Institut für Biotechnologie Leipzig. Technikum zur Herstellung und Entwicklung kleintonnagiger organischer Syntheseprodukte.

Institut für Halbleiterphysik Frankfurt/Oder. Eine Vielzahl von Forschungsausrüstungen und -geräten wurde mit Unterstützung der Industriepartner investiert. Damit wurden materiell-technische Voraussetzungen für die Entwicklung, Präparation und Bewertung von neuartigen mikroelektronischen Teststrukturen und Funktionselementen geschaffen.
Die präparierten Bauelementestrukturen und Schaltkreise werden durch Bestimmung ihrer elektrischen Parameter bewertet. Im Bild ein automatischer Vielfachsondertester AVT 110.

Institut für Hochenergiephysik Zeuthen. Die Wechselwirkung von Elementarteilchen wird mit Hilfe des hier entwickelten halbautomatischen Systems zur Auswertung von Spurkammeraufnahmen HEVAS untersucht.

Zentralinstitut für Physik der Erde. In der Kuppel des 1893 erbauten Helmert-Turms ist ein modernes Laserradargerät SBG installiert. Damit werden seit einigen Jahren Entfernungen von künstlichen Erdsatelliten gemessen.

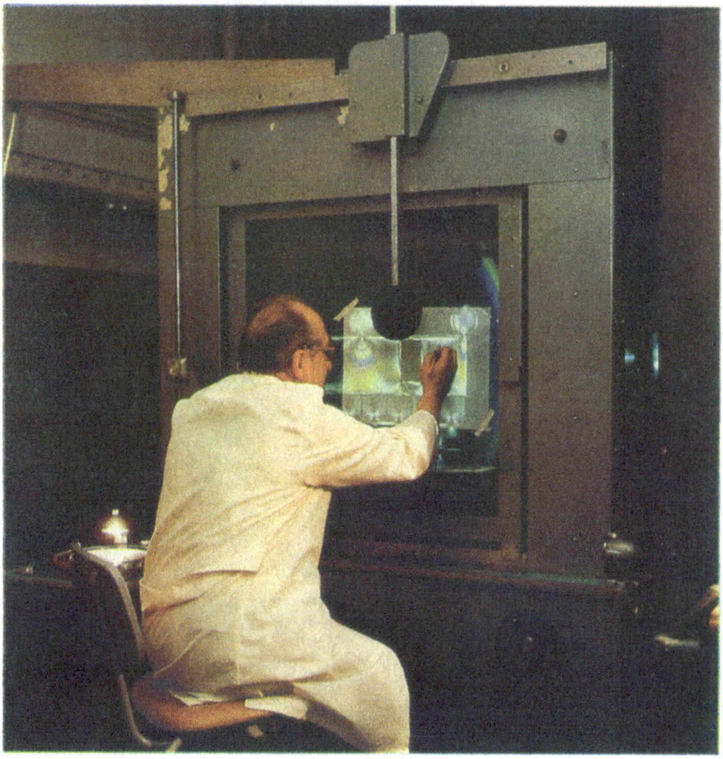

Institut für Mechanik. Spannungsoptisches Labor.

Zentralinstitut für Optik und Spektroskopie. Die Target-Kammer, Teil des Versuchsaufbaus für die Entwicklung eines rechnergestützten Fokussierungssystems für die Laserfusionsanlage „Delphin".

Zentralinstitut für Organische Chemie. Es bearbeitet vor allem Gebiete der Erdöl- und Carbochemie. Im Bild die Synthese von phosphororganischen Verbindungen.

Zentralinstitut für Organische Chemie. Viskosimetrische Messungen von Polymeren.

Forschungsinstitut für Aufbereitung Freiberg. Autogenmahlanlage mit Trommelmühle von 2,1 m Durchmesser und 1 m Länge, die trocken oder naß und auch als Durchlauf- oder Umlaufmahlanlage betrieben werden kann. Das Mahlgut zerkleinert sich gleichsam selbst durch die herabstürzenden Brocken.

3. Aufgaben der Akademie

Umfassende Aufgaben

Die Akademieforschung zielt auf Erkenntnisfortschritt, der die Potenzen der wissenschaftlich-technischen Revolution für die wirtschaftliche und gesellschaftliche Entwicklung unseres Landes erschließt. Langfristiger wissenschaftlicher Vorlauf begründet technologische und Erzeugnislinien von morgen. Originelle, auf höchstem wissenschaftlichen Niveau beruhende Lösungen sind den Kombinaten und anderen Praxispartnern anwendungs-, qualitäts- und termingerecht zu liefern. Die Akademie trägt darüber hinaus Verantwortung für die wissenschaftliche Durchdringung und Gestaltung bedeutender Bereiche der Gesellschafts-, Rechts- und Sozialpolitik, des Kulturlebens, der Bildung und der sozialistischen Lebensweise.

Die Akademie hat sich im Verlaufe ihrer Entwicklung zur sozialistischen Forschungseinrichtung mehr und mehr in den gesellschaftlichen Reproduktionsprozeß integriert. Struktur und Qualität technologisch neuartiger Produktionseinrichtungen wurden durch Forschungsergebnisse, die die Akademie hervorbrachte, nachhaltig beeinflußt.

In der Zeit von 1981 bis 1985 wurden 940 Leistungen zur Nutzung in die Volkswirtschaft überführt. Der Anteil von Leistungen mit höchsten internationalen Qualitätsmerkmalen hat sich von 10 % im Jahre 1980 auf 50 % im Jahre 1985 erhöht. Allein 1985 wurden 2400 Leistungen des Planes Wissenschaft und Technik erbracht und mehr als 1000 Patente angemeldet. Jährlich werden etwa 9000 wissenschaftliche Beiträge publiziert und annähernd 250 zentrale wissenschaftliche Veranstaltungen durchgeführt. Zu den herausragenden Leistungen der letzten Zeit gehören Bauelemente der Leistungselektronik, neuartige Antibiotika, automatisierte digitale Bildverarbeitungssysteme, superharte Werkstoffe und Werkstückbeschichtungen.

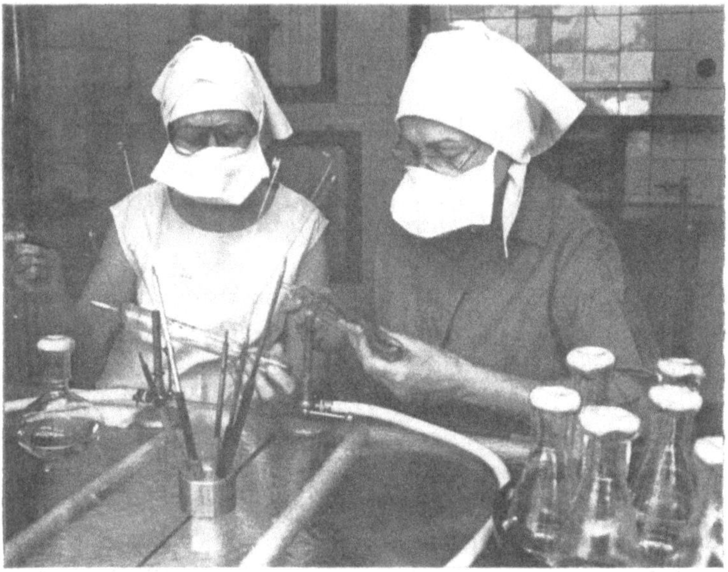

Zentralinstitut für Mikrobiologie und experimentelle Therapie Jena. Überimpfung des Produktionsstammes und Anlegen von Vorkulturen für die BCG-Impfstoffproduktion und -kontrolle.

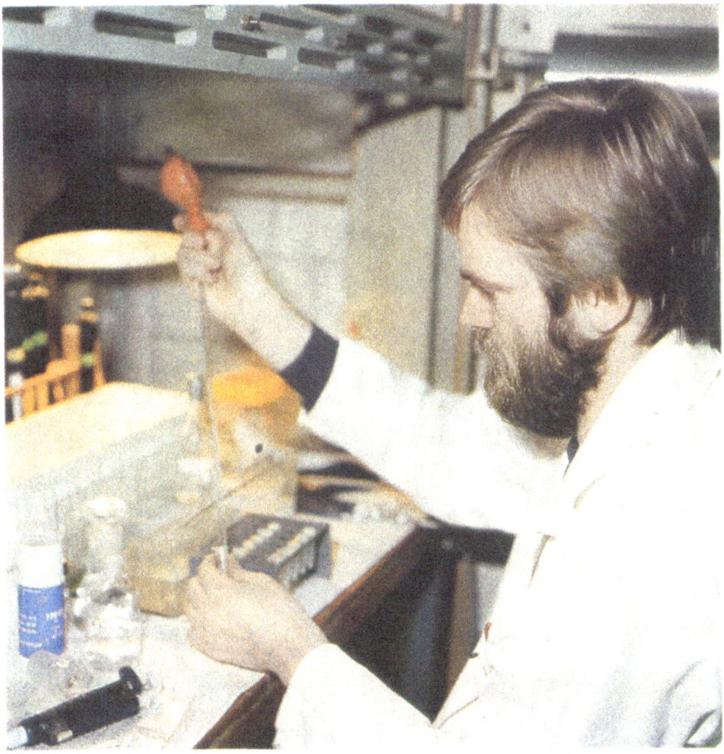

Zentralinstitut für Genetik und Kulturpflanzenforschung Gatersleben (Bezirk Halle). Aufklärung der DNA-Sequenz durch basenspezifische chemische Spaltung – in Verbindung mit Funktionsanalysen in lebenden Zellsystemen die z. Z. im Institut angewendete effektivste Methode zur Aufklärung der Struktur und Funktionsweise eukaryotischer Gene.

Institut für Biotechnologie Leipzig. Versuch an einem Laborfermentor zur Bestimmung der Enzymbildung durch Bakterien.

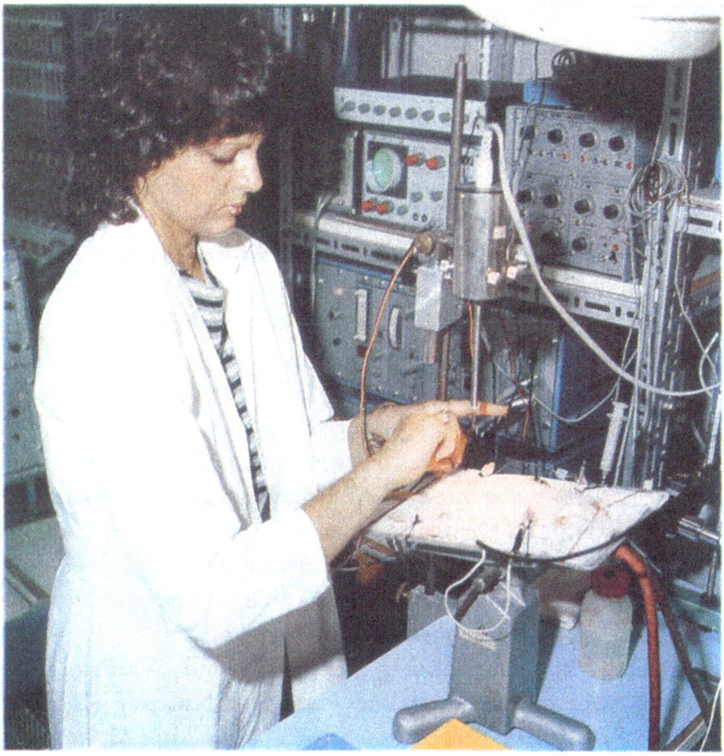

Institut für Wirkstofforschung. Elektrophysiologische Untersuchungen zur Bedeutung der Nebenniere für die Blutdruckregulation.

Naturwissenschaftlich-technische Forschungseinrichtungen

Die langfristigen Forschungsvorhaben der Akademie der Wissenschaften werden aus der Entwicklung der Wissenschaftsgebiete, der Gesellschaftsstrategie und insbesondere der ökonomischen Strategie der DDR abgeleitet und zielen auf spürbare Beiträge zu den Schlüsseltechnologien.

Entsprechend den Beschlüssen des Politbüros des ZK der SED und des Ministerrates der DDR zu „Hauptrichtungen und Schwerpunkten von Naturwissenschaft und Technik im Zeitraum 1986–90 und darüber hinaus bis zum Jahre 2000" stehen für die Grundlagen- und angewandte Forschung der Akademie im Vordergrund:

- Forschungen zur Sicherung der energetischen Basis, vor allem Beiträge zur rationellen Energieanwendung, zur verstärkten Nutzung einheimischer Energieträger und zur beschleunigten Entwicklung der Kernenergetik;
- Arbeiten zur Veredlung der Braunkohle als Energieträger und Rohstoff für die chemische Industrie;
- Arbeiten zur Entwicklung der Roh- und Werkstoffbasis durch höhere Veredlung und verstärkte Nutzung einheimischer Rohstoffe, Sekundärrohstoffe und Abprodukte;
- Entwicklung und Anwendung der Biotechnologie, vor allem zur Intensivierung von technologischen Prozessen in der Volkswirtschaft;
- Forschungen zur weiteren Entwicklung und beschleunigten Anwendung der Mikroelektronik, insbesondere für neue Informationstechnologien;
- Arbeiten zur Entwicklung der Produktionsstruktur des Maschinen- und Anlagenbaus sowie des technologischen Niveaus der metallverarbeitenden Industrie;
- Arbeiten zur Erhöhung der Leistungskraft der Land-, Forst- und Nahrungsgüterwirtschaft;
- Arbeiten zum Umweltschutz und zur Nutzung der Wasserressourcen;
- Arbeiten zur Erhaltung, Förderung und Wiederherstellung der Gesundheit.

Weiterhin sind Forschungen auf Beiträge zur Entwicklung hochwertiger Konsumgüter, zum Bauwesen und zum Transport- und Nachrichtenwesen gerichtet.

Damit wird langfristiger wissenschaftlicher Vorlauf für die Beherrschung und breitere Anwendung effektiver Technologien in der Volkswirtschaft geschaffen. Der größte Teil der Forschungsthemen wird in enger Kooperation mit den Akademien der Wissenschaften der UdSSR und anderer sozialistischer Staaten sowie wissenschaftlichen Einrichtungen der RGW-Länder bearbeitet.

Diese generellen Aufgabenstellungen wurden in der „Konzeption zur langfristigen Entwicklung der naturwissenschaftlichen, mathematischen und technischen Grundlagenforschung im Bereich der Akademie der Wissenschaften und des Ministeriums für Hoch- und Fachschulwesen für den Zeitraum 1986 bis 1990 und darüber hinaus bis zum Jahre 2000" aufgegriffen und präzisiert.

Die mathematisch-naturwissenschaftliche und technische Grundlagenforschung im Bereich der Akademie und des Ministeriums für Hoch- und Fachschulwesen wird nach 8 Forschungsprogrammen und 73 Hauptforschungsrichtungen geplant und koordiniert.

Die Akademie ist für die Forschungsprogramme:
- Mathematik, Mechanik, Kybernetik und Informatik
- Physik, einschl. Kern- und Werkstofforschung
- Chemie
- Biowissenschaften, einschl. naturwissenschaftlicher Grundlagen der Medizin
- Geo- und Kosmoswissenschaften

verantwortlich.

Die Forschungsprogramme
- Ingenieurwissenschaftliche Grundlagen der Energiewirtschaft
- Ingenieurwissenschaftliche Grundlagen der Konstruktion
- Ingenieurwissenschaftliche Grundlagen der Be- und Verarbeitung

koordiniert und bearbeitet das Ministerium für Hoch- und Fachschulwesen.

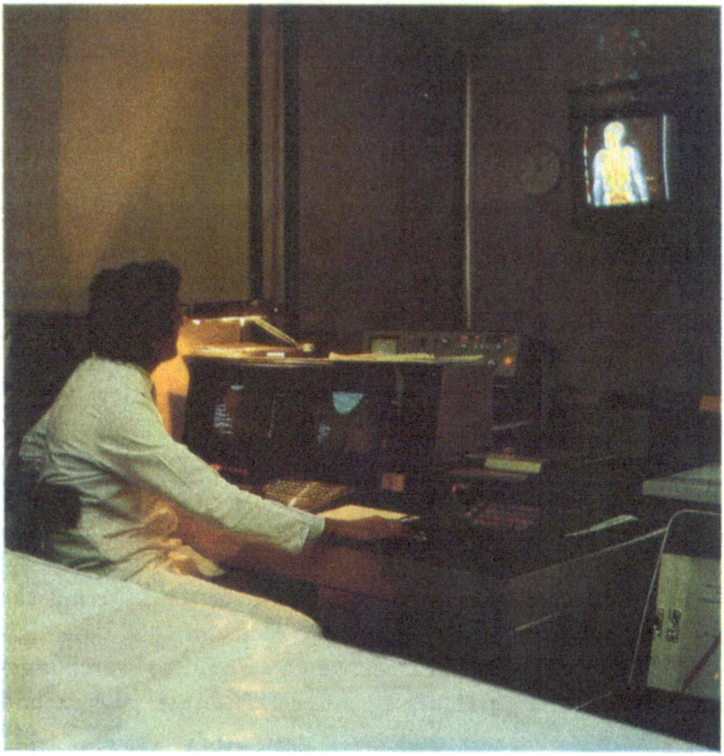

Zentralinstitut für Krebsforschung. Das mikroprozessorgesteuerte Ganzkörperszintigrafiegerät ermöglicht die automatisierte Suche nach Knochenmetastasen im gesamten Körper in kürzester Zeit.

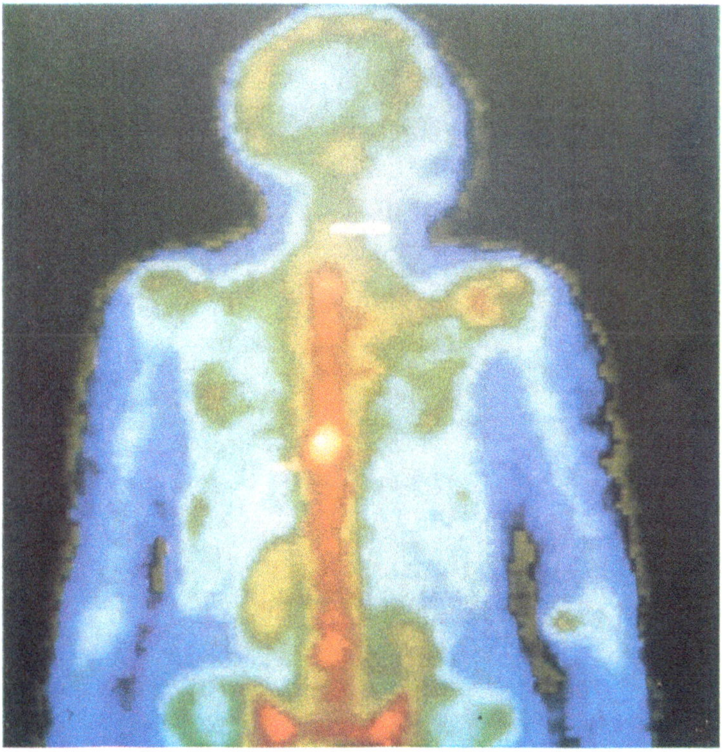

Zentralinstitut für Kybernetik und Informationsprozesse. Die im Institut entwickelte und gebaute Greiferhand ist mit besonderen Sensoren ausgestattet, die zwischen zerbrechlicher Eierschale und stahlhartem Rohr unterscheiden können.

Zentralinstitut für Molekularbiologie. Informationen über Struktur bzw. Funktion von Eiweißen und Nukleinsäuren werden in neuesten Versionen von Datenbanken des Zentralinstituts gespeichert.

Zentralinstitut für Molekularbiologie. Computergestützter Arbeitsplatz.

Gesellschaftswissenschaftliche Forschungsrichtungen

Die gesellschaftswissenschaftlichen Disziplinen untersuchen die objektiven Gesetzmäßigkeiten und Erfordernisse der Gestaltung der entwickelten sozialistischen Gesellschaft. Sie erforschen Vorzüge und Triebkräfte des Sozialismus und liefern Beiträge zur Wirtschafts- und Sozialpolitik, zur umfassenden Intensivierung und zur Durchsetzung des wissenschaftlich-technischen Fortschritts.

Für die propagandistische Tätigkeit und die Bildung und Bewußtseinsentwicklung des Volkes sind Arbeiten zur marxistisch-leninistischen Weltanschauung, zum Geschichtsbild und zur Erschließung des historischen Erbes der sozialistischen Gesellschaft in der DDR, auch auf den Gebieten der Sprache, Literatur und Kunst von wesentlicher Bedeutung. Forschungen zu Fragen der Erhaltung und Sicherung des Friedens sowie eine offensive Auseinandersetzung mit Politik und Ideologie des Imperialismus werden in verschiedenen gesellschaftswissenschaftlichen Disziplinen durchgeführt. In der Friedensforschung geht es vor allem um die Untersuchung der theoretischen Grundlagen des Friedenskampfes und der mit ihnen verbundenen ideologischen Auseinandersetzungen in unserer Zeit.

Zu den herausragenden Leistungen der letzten Jahre gehören die Bismarck-Biographie von Ernst Engelberg, Standardwerke zur Deutschen Geschichte wie die 6 Bände „Deutschland im zweiten Weltkrieg", Arbeiten zur Reproduktionstheorie und zu den weltanschaulichen Grundlagen der modernen Wissenschaft.

Dies ist nur ein kleiner Ausschnitt aus dem breiten Spektrum gesellschaftswissenschaftlicher Arbeiten an der Akademie, die durch den „Zentralen Forschungsplan der marxistisch-leninistischen Gesellschaftswissenschaften der DDR" koordiniert und geplant werden. Von wachsender Bedeutung sind interdisziplinäre Forschungen zu komplexen gesellschaftlichen Problemen, die zu unmittelbar praxiswirksamen Ergebnissen führen.

Koordinierung der Grundlagenforschung

Die analytischen und konzeptionellen Aufgaben innerhalb der Forschungsprogramme und der Hauptforschungsrichtungen werden durch Wissenschaftliche Räte wahrgenommen, denen führende Vertreter der jeweiligen Disziplinen angehören. In den Räten sind neben den Forschern aus der Akademie und dem Hochschulwesen auch Wissenschaftler aus der Industrie und anderen gesellschaftlichen Bereichen vertreten.

Dadurch wird eine Koordinierung der gesamten Grundlagenforschung des Landes auf den betreffenden Gebieten gewährleistet. Insgesamt arbeiten an der Akademie Wissenschaftliche Räte für fünf Forschungsprogramme und 38 Hauptforschungsrichtungen.

Koordinierungsfunktion hat die Akademie auf Gebieten der Gesellschaftswissenschaften und der medizinischen Forschung übernommen. Hier wirken gleichfalls Beratungsgremien. Im Bereich Gesellschaftswissenschaften bestehen wissenschaftliche Räte für:
- die wirtschaftswissenschaftliche Forschung
- Grundfragen des ideologischen Kampfes
- die staats- und rechtswissenschaftliche Forschung
- die gesellschaftswissenschaftliche Information u. Dokumentation
- Archäologie und Alte Geschichte
- Sprachwissenschaften.

Auch auf vorwiegend interdisziplinär orientierten Gebieten übt die Akademie Leitfunktionen aus. So hat das DDR-Koordinierungskomitee zur Erforschung und Nutzung des Weltraums für friedliche Zwecke, das die Forschungen von DDR-Wissenschaftlern zum Programm Interkosmos koordiniert (Leiteinrichtung: Institut für Kosmosforschung) seinen Sitz an der Akademie. Die Akademie koordiniert die Forschungen der DDR in polaren Gebieten (Leiteinrichtung: Zentralinstitut für Physik der Erde) im Rahmen sowjetischer Expeditionen.

Beratungsgremien bestehen auch für disziplinübergreifende Probleme. Hervorzuheben sind die wissenschaftlichen Räte für Grundlagen der Mikroelektronik, für energetische Grundlagenforschung, für Grundlagen der Umweltgestaltung und des Umweltschutzes, für das Informations- und Bibliothekswesen, für Forschungstechnik und Gerätebau.

Die Akademie verfügt über den spezifischen Vorzug, daß die Forschung in engem Zusammenwirken sehr vieler Wissenschaftsdisziplinen erfolgt. Damit bietet sie günstige Voraussetzungen zur Lösung komplexer Probleme.

In den Einzeldisziplinen werden u. a. folgende Gebiete bearbeitet:

Mathematik und Informatik

Ausgewählte Teilgebiete der Mathematik, Kybernetik und Automatisierungs- und Informationsverarbeitungsprozesse, Festkörper- und Strömungsmechanik.

Physik

Kernenergie, Atomkernphysik, Anwendung kernphysikalischer Methoden, theoretische und experimentelle Untersuchung der starken und schwachen Wechselwirkung von Elementarteilchen, Isotopen- und Strahlenforschung, Forschungen zu Werkstoffen und Werkzeugstoffen und zu Technologien ihrer Herstellung, Halbleiter- und Plasmaphysik, Optik, Quantenelektronik, Spektroskopie, Züchtung optischer Kristalle, optische Informationsverarbeitung, Laserforschung, Technologie der Herstellung von Halbleiterbauelementen, Mikrolithographie, Elektronenmikroskopie, Beiträge zur gesteuerten Kernfusion.

Chemie

Untersuchung chemischer Elementarvorgänge, Festkörper-, Hochtemperatur-, Erdöl- und Carbochemie, Katalyseforschung, Hochveredlung von Zwischenprodukten, Silicat-, Aluminat-, Phosphor- und Halogenchemie, Keramikforschung, Forschungen zur Aufbereitung und mechanischen Verfahrenstechnik insbesondere einheimischer Rohstoffe, Erarbeitung von naturwissenschaftlichen und technologischen Grundlagen für Verfahren der industriellen Mikrobiologie und Biochemie, Polymeren- und Faserforschung, toxikologische Forschung.

Biowissenschaften und Medizin

Molekularbiologie, biochemische und biophysikalische Grundlagenforschung, Arbeiten zur Gentechnik, Enzymforschung, Entwicklung neuer Pharmaka, Wirkstofforschung, Erforschung von Mikroorganismen und Viren, Untersuchungen zur Therapie

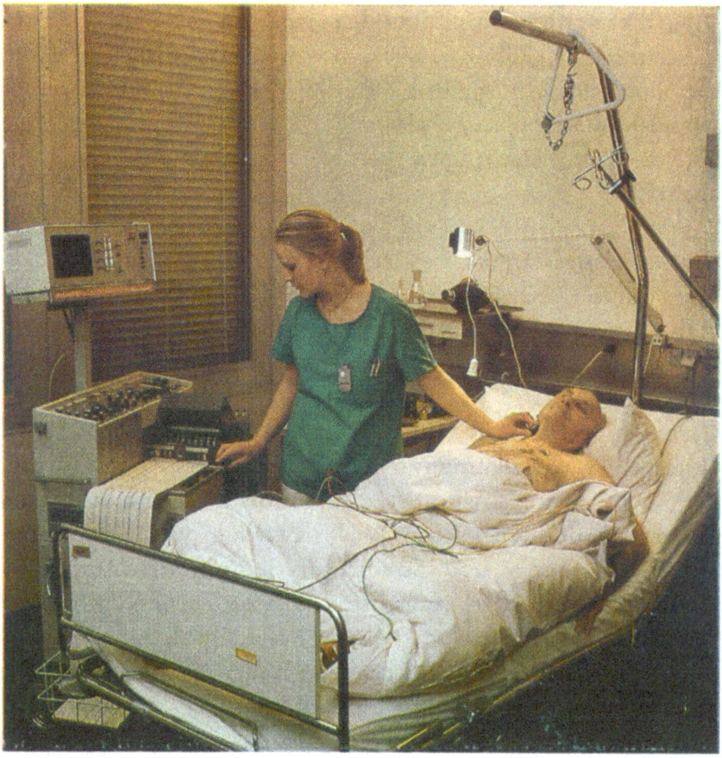

Zentralinstitut für Herz-Kreislauf-Forschung. Patienten, die mit Herzinfarkt eingeliefert worden sind, werden mit moderner Medizintechnik behandelt.

Die DDR-Forschungsstation für antarktische Forschungen wurde 1976 im Rahmen der 21. Sowjetischen Antarktisexpedition in der Schirmacheroase/Ostantarktis gegründet. Hier werden Untersuchungen der Hochatmosphäre und zum Geomagnetismus sowie isotopenchemische, geochemische und geologische Forschungen durchgeführt.

Außenstelle Fährinsel/Hiddensee des Zentralinstituts für Mikrobiologie und experimentelle Therapie Jena. Wasserproben werden zur Bestimmung des Methangehaltes in vorbereitete Serumflaschen injiziert.

Zentralinstitut für Alte Geschichte und Archäologie. Mitarbeiter des Instituts beteiligten sich Anfang der 60er Jahre an der Bergung nubischer Altertümer vor der Überflutung durch den Assuan-Staudamm. Bei der von der UNESCO initiierten Rettungsaktion wirkten Wissenschaftler und Techniker aus über 20 Ländern mit. Die vier Tempel von Semna-West, Semna-Ost, Buhen und Aksha wurden ausgegraben, vermessen, geborgen und nach Khartoum gebracht. Am Buhen-Tempel werden die Säulentrommeln freigelegt und zur Verpackung vorbereitet.

von Krebs- und Viruskrankheiten, Krebsforschung, Herz-Kreislauf-Forschung, biotechnologische Forschungen, Forschungen zu Kulturpflanzen und zur Biochemie der Pflanzen, Lebensmittel- und Ernährungsforschung einschl. Ernährungssoziologie, Neurobiologie und Hirnforschung.

Geo- und Kosmoswissenschaften
Geologisch-geochemische, geophysikalische, geodätische, geographische, seismologische Forschungen, geophysikalische Hochdruckforschung, ausgewählte Gebiete der Astrophysik (insbesondere Relativitäts- und Gravitationstheorie, Kosmologie), Kosmosforschung (insbesondere kosmische Gerätetechnik und Fernerkundung), ökologische und Meeresforschung.

Gesellschaftswissenschaften
Gesetzmäßigkeiten der gesellschaftlichen Entwicklung, Grundfragen der marxistisch-leninistischen Weltanschauung in der Auseinandersetzung zwischen Sozialismus und Imperialismus, Arbeiten zur Kritik der bürgerlichen Philosophie, Untersuchungen zu politökonomischen Grundfragen des Kapitalismus und Sozialismus, zur prognostischen Entwicklung des Wirtschaftswachstums, Fragen der wissenschaftlich-technischen Strategiebildung und wissenschaftlich-technische Neuerungsprozesse, Forschungen zur Sozialstruktur der sozialistischen Gesellschaft und sozialistischen Lebensweise, Forschungen auf dem Gebiet des Staates und des Rechts, Beiträge zur Erschließung des historischen Erbes, insbesondere der progressiven humanistischen und revolutionären Traditionen, Forschungen zur Menschwerdung, Ur- und Frühgeschichte Europas, archäologische Ausgrabungen, Forschungen zur allgemeinen deutschen Geschichte und Geschichte der DDR, Volkskunde und Kulturgeschichte, Prozesse der Literatur-, Sprache- und Kunstentwicklung und ihre Geschichte, Wirtschafts- und Wissenschaftsgeschichte, Wissenschaftstheorie, automatische Sprachverarbeitung.

4. Nationale Kooperation

Partner der Volkswirtschaft

Die Akademie der Wissenschaften ist – so legt es das Statut fest – „Teil des wissenschaftlichen Potentials der DDR und trägt in Verbindung mit anderen Forschungs-, Entwicklungs- und Bildungseinrichtungen zur ... wissenschaftlichen Durchdringung aller gesellschaftlichen Bereiche bei." Sie „wirkt gemeinsam mit den zentralen Staatsorganen, Kombinaten und Institutionen für eine breite Nutzung der Ergebnisse ihrer wissenschaftlichen Arbeit und deren schnelle Überführung in die Praxis, insbesondere in die Produktion."

Hieraus resultieren vielfältige nationale Kooperationsbeziehungen. Von besonderer Bedeutung ist die Zusammenarbeit der Akademieforschung mit den Kombinaten und Betrieben der Volkswirtschaft. Sie stellt den Hauptweg dar, auf dem die wissenschaftlichen Arbeitsergebnisse der Akademie in der Praxis wirksam werden. Die Kooperation zwischen Forschungseinrichtungen der Akademie und den Kombinaten hat sich in den letzten Jahren rasch entwickelt und einen hohen Grad der wechselseitigen Verflechtung erreicht. Die gegenseitigen Verpflichtungen und Leistungen sind durch Wirtschaftsverträge verbindlich ausgestaltet.

Die Akademie hat 1986 etwa 45 % ihrer Forschungs- und Entwicklungskapazität vertraglich mit ihren Partnern gebunden. Dieser Anteil soll auf über 50 % erhöht werden. Die Kooperation mit der Volkswirtschaft spiegelt sich in folgenden Angaben wider:

- Mit etwa 20 zentralen staatlichen Einrichtungen (Ministerien) und 90 Kombinaten bestehen Vereinbarungen bzw. Koordinierungsverträge;
- die Zusammenarbeit wird auf der Basis von 750 Leistungsver-

trägen zu konkreten Aufgaben geregelt, an denen 37 von 41 mathematisch-naturwissenschaftlichen, technischen und medizinischen Forschungseinrichtungen der Akademie beteiligt sind;

- etwa 90 % des Forschungspotentials der Akademie sind auf die 12 Hauptrichtungen von Wissenschaft und Technik konzentriert;
- die Akademie profiliert sich zunehmend als Partner auf technisch-technologischem Gebiet. Diesem Ziel dienen Institutsneugründungen bzw. -umprofilierungen wie des Instituts für Halbleiterphysik, des Instituts für Technologie der Polymere, des Instituts für Informatik und Rechentechnik, des Instituts für Biotechnologie; 18 Technika werden betrieben;
- der längerfristige Kaderaustausch mit der Industrie erreicht gegenwärtig einen Umfang von annähernd 400 Wissenschaftlern und Technikern pro Jahr.

Zusammenarbeit mit Forschungs- und Bildungseinrichtungen

Die Forschungstätigkeit der Akademie ist durch eine immer engere Verflechtung mit dem gesamten Forschungs- und Entwicklungspotential der DDR gekennzeichnet. Die Akademie arbeitet bei der Erfüllung ihrer Aufgaben mit zentralen Staatsorganen, Universitäten, mit wissenschaftlichen Akademien und Forschungs- und Entwicklungseinrichtungen der Kombinate und Betriebe zusammen. Erst durch dieses Zusammenwirken wird es möglich, komplexe und tragfähige Forschungsvorhaben in gegenseitiger Abstimmung vorzubereiten, mit hoher Effektivität durchzuführen und eine breite Nutzung der Ergebnisse zu sichern. Durch diese Zusammenarbeit erhält die Akademieforschung zugleich wichtige Impulse für neue Aufgabenstellungen.

Im Rahmen des wissenschaftlichen Potentials der DDR plant und koordiniert die Akademie gemeinsam mit dem Ministerium für Hoch- und Fachschulwesen die wesentlichen Vorhaben der Grundlagenforschung. Akademie und Hochschulen sind verantwortlich für die Ausarbeitung der Konzeption der lang-

Besuch einer Akademie-Delegation auf der XXVI. Messe der Meister von morgen 1983 in Leipzig. AdW-Jugendforscherkollektive beteiligten sich mit MMM-Leistungen, die u. a. Industrieroboter, Analyseverfahren für die Mikroelektronik, spezielle Beiträge auf dem Gebiet der Carbochemie sowie eine Technologie für die mikrobielle Umsetzung von Gülleinhaltstoffen und einheimischen Rohstoffen zu Futtereiweiß zeigten.

Zentralinstitut für Kybernetik und Informationsprozesse. In vertraglich mit dem VEB Werkzeugmaschinenkombinat vereinbarter Kooperation entstehen Verfahren zur Schaffung von CAD/CAM-Systemen für Anwendungen im Maschinenbau.

Graphische Darstellung des dreidimensionalen Modells eines Makromoleküls. Räumliche Modellierung spielt auch in anderen Bereichen von Forschung und Technik eine Rolle. Das Foto zeigt eine Beleuchtungssimulation an einem fiktiven Molekülmodell, das der Entwicklung biotechnologischer Verfahren dient.

fristigen Entwicklung der mathematisch-naturwissenschaftlichen und technikwissenschaftlichen Grundlagenforschung, die einen Zeithorizont von 15 Jahren hat.

Die Akademie unterstützt ferner Lehre und Ausbildung an den Universitäten und Hochschulen. Abstimmungen und Koordinierungen mit anderen Wissenschaftseinrichtungen der DDR, insbesondere den Akademien, dienen der Entwicklung der sozialistischen Gemeinschaftsarbeit und dem gezielteren Einsatz der Potentiale.

Vertragliche Grundlagen

Aufbauend auf der langfristigen strategischen Orientierung für die Forschung an der Akademie und im Hochschulwesen gilt es der Verbindung von Wissenschaft und Produktion ständige Pflege zu widmen.

Grundlage der Beziehungen der Akademie zu ihren Partnern in der Volkswirtschaft ist die gemeinsame Erarbeitung aussichtsreicher Zielstellungen und langfristiger Strategien der Forschung und Innovation. Sie müssen wissenschaftliche und ökonomische Aspekte gleichermaßen berücksichtigen. Die abgestimmten längerfristigen Forschungs- und Entwicklungsstrategien bilden den Ausgangspunkt für die speziellen Themen der Zusammenarbeit. Auf diese Weise wird die notwendige Korrespondenz zwischen Akademieforschung und Wirtschaftsentwicklung hergestellt.

Die Beziehungen zu den Kombinaten werden zunehmend auf ökonomischer Basis gestaltet. Institut und Betrieb konzentrieren sich auf wissenschaftlich progressive und ökonomisch aussichtsreiche Projekte. Dazu gehört auch, daß sich die Kombinate in stärkerem Maße für die Schaffung und Nutzung wissenschaftlichen Vorlaufs verantwortlich fühlen. Das erfordert, ihre eigenen Forschungs- und Entwicklungspotentiale entsprechend zu profilieren, sowie die vertraglich vereinbarte Forschung der Akademie materiell und finanziell zu fördern. Die ökonomischen Beziehungen zwischen den Partnern schließen die Mitverantwortung der Kombinate für die Sicherung der materiell-technischen Basis ein. Dazu rechnen nicht nur Geräte und Ausrüstungen, sondern auch Entscheidungen zur Beteiligung an Investitionen oder zur Errichtung gemeinsamer Objekte – beispielsweise von Technika.

Neben Technika haben sich Akademie-Industrie-Komplexe als Form effektiver Zusammenarbeit bewährt. Hier forschen Akademie- und Industriewissenschaftler über einen längeren Zeitraum hinweg unter einem Dach in einem festumrissenen Aufgabenkomplex. Beispiele dafür sind die Akademie-Industrie-Komplexe „Arzneimittelforschung“, „Technische Mikrobiologie“, „Organische Hochpolymere“ und „Industrie-Roboter“.

Die Grundsätze für die Gestaltung ökonomischer Beziehungen zwischen Einrichtungen der Akademie der Wissenschaften, des Ministeriums für Hoch- und Fachschulwesen und den Kombinaten der Industrie werden mit einem Beschluß des Ministerrates der DDR vom 12. September 1985 geregelt. Im Beschluß heißt es (Auszüge):

Die Beziehungen der Kombinate zur Akademie und zum Hochschulwesen sind in großem Umfang zu erweitern. Dabei soll die Forschung an der Akademie und im Hochschulwesen den Erfordernissen der ökonomischen und technisch-technologischen Entwicklung der Kombinate weitgehend entsprechen. Die in den Kombinaten mit dem ökonomischen Kreislauf verflochtenen bedeutenden Wissenschafts- und Forschungspotentiale sind auf der Grundlage des Erreichten wesentlich auszubauen. Für die Gestaltung der Forschungskooperation zwischen den Kombinaten und den Einrichtungen der Akademie und des Hochschulwesens sind entsprechend den neuen, an ökonomischen Gesichtspunkten orientierten Maßstäben folgende Grundsätze der Leitung, Planung, Finanzierung und ökonomischen Stimulierung anzuwenden:

1. Die Forschungskooperation der Kombinate der Industrie mit der Akademie der Wissenschaften, den Universitäten und Hochschulen ist auf der Grundlage des Planes in *Wirtschaftsverträgen* verbindlich festzulegen.
   Als Vertragsformen sind der langfristige *Koordinierungsvertrag* für die Gestaltung der Forschungskooperation insgesamt und der *Leistungsvertrag* für die einzelnen konkreten Forschungsarbeiten anzuwenden. Die Wirtschaftsverträge sind zwischen den Generaldirektoren der Kombinate und den

zuständigen Leitern der Akademieeinrichtungen bzw. Rektoren der Universitäten und Hochschulen abzuschließen ...

2. Für die einzelnen konkreten Aufgaben der Forschungskooperation sind *Leistungsverträge* abzuschließen. Dabei ist von dem Grundsatz auszugehen, daß die Erfüllung der Verträge für beide Partner ökonomisch vorteilhaft sein muß.
3. Die Forschungskooperation ist in den *Plänen Wissenschaft und Technik der Kombinate* und *im Fünfjahrplan der Grundlagenforschung* der Einrichtungen der Akademie der Wissenschaften und des Hochschulwesens zu planen.
   Mit dem Fünfjahrplan der Grundlagenforschung ist im Zeitraum bis 1990 schrittweise zu gewährleisten, daß der größere Teil des wissenschaftlichen Potentials der Akademie der Wissenschaften und des Hochschulwesens über Wirtschaftsverträge für Aufgaben der Kombinate eingesetzt wird ...
4. Die geplante Forschungskooperation ist jährlich mit den Leistungsangeboten der Kombinate im Rahmen der zeitlich vorgezogenen Planung von Wissenschaft und Technik zu präzisieren. . .
5. Die *Finanzierung der Forschungsarbeiten* der Akademie der Wissenschaften der DDR und der Universitäten und Hochschulen ist auf der Grundlage des Fünfjahrplanes der Grundlagenforschung und der Pläne Wissenschaft und Technik nach folgenden Grundsätzen zu gestalten:
   - Der Hauptweg *ist die Bezahlung durch die Kombinate* auf der Basis der vertraglichen Beziehungen ...
   - Für komplexe, volkswirtschaftlich übergreifende Aufgaben des Staatsplanes Wissenschaft und Technik finanziert das Ministerium für Wissenschaft und Technik die Forschungsarbeiten *aufgabengebunden* aus dem Staatshaushalt.
   - Für Aufgaben anderer Bereiche außerhalb der Industrie erfolgt die Finanzierung entsprechend den mit diesen Bereichen getroffenen Vereinbarungen ...
6. Zur Bezahlung der Forschung durch die Kombinate sind *Vereinbarungspreise* zu bilden und in die künftig abzuschliessenden Leistungsverträge aufzunehmen ...
7. Zur *Stimulierung hoher Leistungen* sind die Fonds der materiellen Interessiertheit der wissenschaftlichen Einrichtungen

grundsätzlich in Abhängigkeit von den erzielten Ergebnissen der Forschungstätigkeit zu bilden.

Als ein wirksames Mittel zur Vertiefung der Beziehungen zwischen Forschung und Produktion erweist sich der zeitweilige Aufenthalt von Wissenschaftlern der Akademie in Kombinaten und Betrieben, die mit ihren speziellen Kenntnissen und Erfahrungen ein Forschungsergebnis bis zur Produktionsreife begleiten und dabei die ökonomischen Probleme und technisch-technologischen Prozesse der Produktion genauer studieren können. Umgekehrt machen sich Industrieforscher mit fundamentalen Erkenntnissen bei Arbeiten vertraut, die sie zeitweilig an Forschungsstätten der Akademie durchführen.

Zur täglichen Praxis der Zusammengehörigkeit gehören *Konsultationen*, die die Akademieinstitute interessierten Partnern aus den Kombinaten und Betrieben zu wissenschaftlichen und wissenschaftlich-technischen Fragen gewähren. Jährlich vermitteln Akademieforscher in mehreren zehntausend Konsultationen Erfahrungen und Ergebnisse der Grundlagenforschung und angewandten Forschung sowie neueste Erkenntnisse der eigenen Forschungen und internationaler wissenschaftlicher Arbeiten.

Wirksame Formen

Auf der Grundlage analytisch-prognostischer Untersuchungen erarbeitet die Akademie gemeinsam mit zentralen staatlichen Einrichtungen wie dem Ministerium für Wissenschaft und Technik und der Staatlichen Plankommission Vorschläge für die Gestaltung komplexer gesellschaftlicher Prozesse und für die Entwicklung aussichtsreicher wissenschaftlich-technischer Gebiete.

Zahlreiche Institute der Akademie führen in regelmäßigen Abständen Anwenderkonferenzen durch, auf denen Interessenten der Industrie und anderer gesellschaftlicher Bereiche neue Forschungsergebnisse, methodische und gerätetechnische Fortschritte vorgestellt werden. Die gesellschaftswissenschaftlichen Institute stellen Einschätzungen über die politischen und sozialen Wirkungen des wissenschaftlich-technischen Fortschritts interessierten Partnern zur Verfügung.

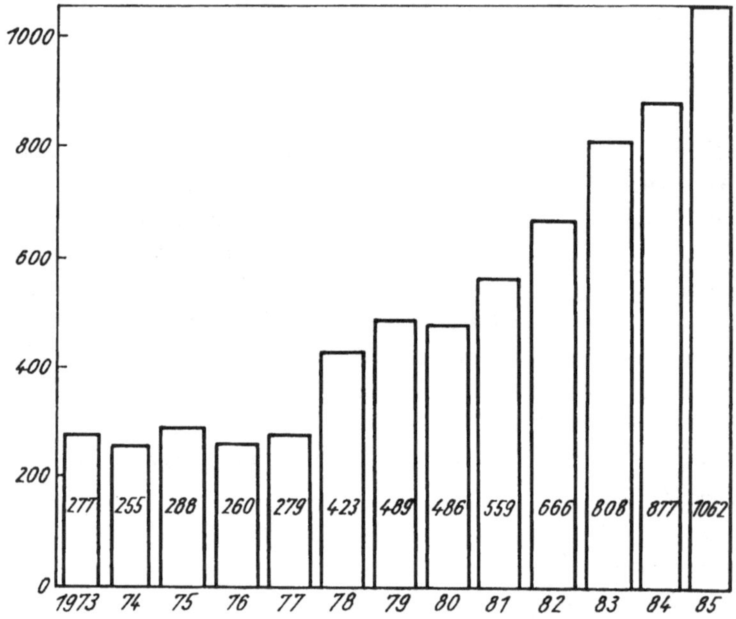

Patentanmeldungen in der DDR für Erfindungen aus der Akademie der Wissenschaften der DDR.

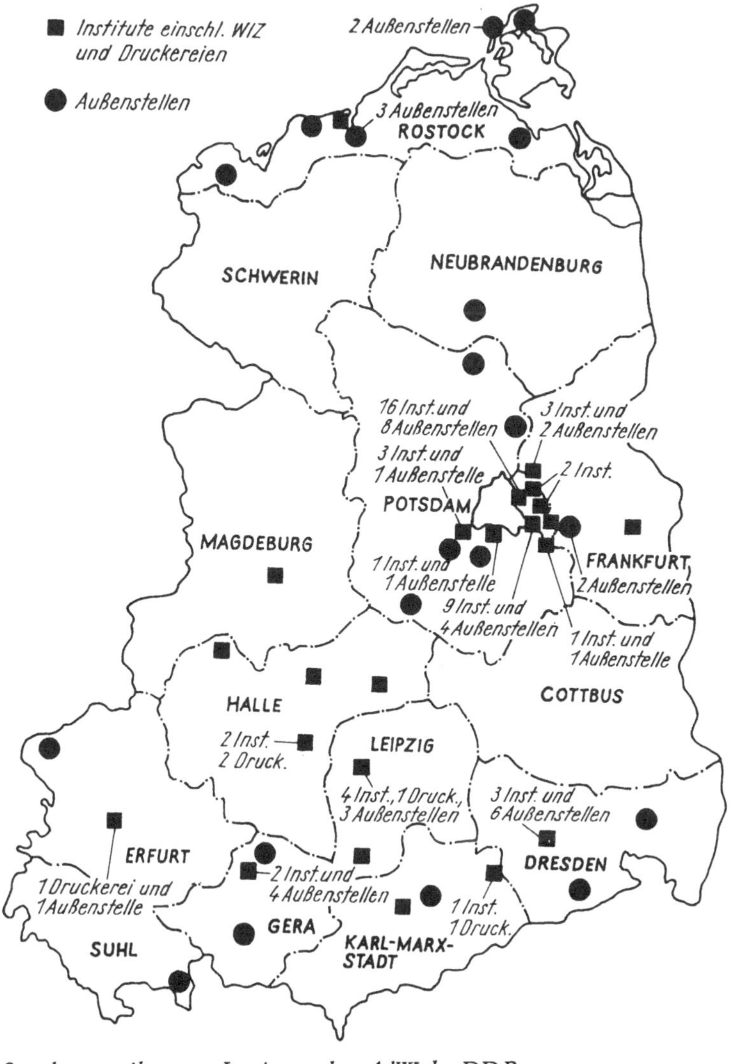

Standortverteilung von Instituten der AdW der DDR

Auf einem hohen Stand der biologisch-medizinischen Forschungen aufbauend, unterhält die Akademie Forschungskliniken im Zentralinstitut für Krebsforschung, im Zentralinstitut für Herz-Kreislauf-Forschung und im Zentralinstitut für Ernährung; sie übernimmt hochspezialisierte Aufgaben der medizinischen Betreuung. Für Einrichtungen des Gesundheitswesens erarbeitet sie Gutachten und stellt spezielle Impfstoffe, Diagnostika und Testpräparate zur Verfügung.

Die Akademie ist in nahezu allen territorialen Konzentrationspunkten von Wissenschaft, Technik und Produktion mit eigenen Einrichtungen vertreten, so in den Bezirken Dresden, Leipzig, Halle, Karl-Marx-Stadt, Magdeburg, Potsdam und Rostock. Für die Entwicklung Berlins, der Hauptstadt der DDR, sind die vielfältigen Vorhaben der Akademie in ihrem *Berlin-Programm* zusammengefaßt, das wissenschaftliche Beiträge für die hauptstädtische Industrie u. a. auf den Gebieten Mikro- und Optoelektronik, Laseranwendung, Lichtleiternachrichtenübertragung und Herstellung von hochwertigen Konsumgütern, Pharmaka und Kosmetika sowie abgestimmte Maßnahmen zur Gestaltung der Infrastruktur zum Inhalt hat. Zum Berlin-Programm gehört auch die Mitwirkung von Akademie-Wissenschaftlern bei der Gestaltung des geistig-kulturellen Lebens, insbesondere bei der Vermittlung des an der Akademie vorhandenen und neu gewonnenen Bildungsgutes und bei der Entwicklung der politischen und weltanschaulichen Bildung der Bürger der Hauptstadt. Der würdigen Vorbereitung des 750jährigen Jubiläums der Gründung der Stadt dienen u. a. Forschungen zur Geschichte Berlins sowie eine Leistungsschau der Berliner Wissenschaft und Technik.

5. Internationale Beziehungen

Die Akademie unterhält umfangreiche internationale Beziehungen. Sie werden in Übereinstimmung mit der Außenpolitik der DDR und den staatlichen Entscheidungen sowie auf der Grundlage der entsprechenden völkerrechtlichen Verträge gestaltet. In diesem Rahmen pflegt die Akademie vielfältige Verbindungen zu wissenschaftlichen Institutionen auf allen Kontinenten und zählt derzeit namhafte Gelehrte aus 23 Ländern zu ihren Auswärtigen Mitgliedern.

Zu Akademien sozialistischer Länder

Kernstück der internationalen Beziehungen der Akademie ist die sozialistische Wissenschaftskooperation mit Forschungseinrichtungen der UdSSR und den anderen sozialistischen Ländern, insbesondere mit deren wissenschaftlichen Akademien. Im Rahmen der sozialistischen ökonomischen Integration ist diese Wissenschaftskooperation darauf gerichtet, durch die arbeitsteilige Bearbeitung gemeinsamer Aufgaben auf wissenschaftlich und volkswirtschaftlich entscheidenden Gebieten wirksam zur Beschleunigung des wissenschaftlich-technischen Fortschritts, zu seiner schnellen und breiten Nutzung in jedem Lande und in der Gemeinschaft der Mitgliedsländer des RGW insgesamt beizutragen.

Der abgestimmte Einsatz und das enge Zusammenwirken der Forschungspotentiale der sozialistischen Staaten eröffnen der DDR-Wissenschaft die Möglichkeit, auch an Forschungen teilzunehmen, die die Potenzen eines Landes übersteigen.

An der AdW der DDR sind alle Forschungseinrichtungen in diese Kooperation einbezogen. Es gibt keine wesentliche Forschungsaufgabe, die nicht im Zusammenwirken mit Partnern aus den Akademien sozialistischer Länder, insbesondere aus der AdW der UdSSR, bearbeitet wird.

Der internationalen Kooperation liegen Abkommen zwischen den Akademien zugrunde, die in der Regel durch Fünfjahrespläne der thematischen wissenschaftlichen Zusammenarbeit untergliedert sind.

Entsprechende bilaterale Abkommen der Akademie wurden abgeschlossen mit der Akademie der Wissenschaften der UdSSR und der Akademie der Medizinischen Wissenschaften der UdSSR, den Akademien der Wissenschaften der ČSSR, der VRP, der UVR, der VRB, der SRR sowie der Akademie für Soziale und Politische Wissenschaften der SRR, den Akademien der Wissenschaften der MVR, Kubas sowie der KDVR, dem Nationalen Forschungszentrum der SRV und dem Komitee für Gesellschaftswissenschaften der SRV. Weiterhin bestehen bilaterale Abkommen mit dem Rat der Akademien der Wissenschaften und Künste der SFRJ, der Academia Sinica der VR China und der Akademie für Gesellschaftswissenschaften der VR China.

Die Forschungskooperation speziell mit der UdSSR hat einen hohen Stand und eine hohe Qualität erreicht.

So umfaßt der Plan der wissenschaftlichen Zusammenarbeit zwischen der AdW der DDR und der AdW der UdSSR über 200 Themen, u. a. auf solchen Gebieten wie der Kernforschung, Laserfusion, Festkörperphysik und Werkstofforschung, Quantenelektronik und Laserspektroskopie, Mikroelektronik, Lichtleiternachrichtenübertragung, Festkörper- und Hydromechanik, dem wissenschaftlichen Gerätebau, der Mathematik, Roboterforschung, anorganischen, organischen und physikalischen Chemie, Molekulargenetik, Eiweißforschung, Mikrobiologie und Gentechnik.

In den Gesellschaftswissenschaften sieht der Plan die wissenschaftliche Zusammenarbeit u. a. in der marxistisch-leninistischen Philosophie, bei ökonomischen Problemen des wissenschaftlich-technischen Fortschritts, der Erforschung der Geschichte der Völker in der sozialistischen Gemeinschaft, Fragen der Staats- und Rechtstheorie, der Literatur- und Sprachwissenschaft vor. Dabei wurden von der Akademie Ergebnisse erzielt, die nicht nur zu hohem wissenschaftlichen und volkswirtschaftlichen Nutzen führten, sondern ohne anteilige Kooperation und Übernahme von Wissen und Erfahrungen aus den sozialistischen Bruderländern nicht hätten erbracht werden können.

Besondere Aufmerksamkeit widmet die Akademie der Realisierung der langfristigen Programme der multilateralen Zusammenarbeit der Akademien der Wissenschaften sozialistischer Länder. Die Koordinierung dieser mehrseitigen Zusammenarbeit erfolgt durch sogenannte Problemkommissionen, in denen Wissenschaftler verschiedener Akademien gezielt an der Lösung der gemeinsam festgelegten Schwerpunktaufgaben wirken.

Gegenwärtig bestehen 17 naturwissenschaftliche und 9 gesellschaftswissenschaftliche Problemkommissionen, in deren Rahmen annähernd 300 Themen bearbeitet werden. Seit 1981 entstanden in multilateraler Kooperation ca. 1000 gemeinsame Publikationen und wurden einige Dutzend Patente angemeldet.

Eine effektive Form der Lösung der gemeinsamen Forschungsaufgaben der multilateralen Zusammenarbeit stellen die von den Akademien der Wissenschaften sozialistischer Länder gebildeten Basislaboratorien dar. Diese bei nationalen Forschungsstätten eingerichteten gemeinsamen Forschungslabors verfügen über hochqualifiziertes Personal und eine meist unikale Geräteausstattung. Sie stehen den Partnern gegenseitig zur Nutzung offen. Solche Basislaboratorien wurden z. B. im Rahmen der Problemkommissionen Rechentechnik, Halbleiterphysik, hochmolekulare Verbindungen, Kinetik und Katalyse, Petrolchemie, Molekularbiologie und geophysikalische Forschungen gebildet. Zur Zeit bestehen an den Akademien der Wissenschaften sozialistischer Länder über 40 dieser Basislaboratorien, davon zehn an der AdW der DDR.

Die Erfahrungen der Arbeit gemeinsamer internationaler Zentren belegen, daß sie neben der Konzentration der Kräfte im internationalen Maßstab auch wesentlich zur Herausbildung internationaler Forscherkollektive beitragen. Dementsprechend beteiligen sich Einrichtungen der Akademie auch intensiv an der Arbeit des Vereinigten Instituts für Kernforschung in Dubna/UdSSR, des Internationalen Instituts für Probleme der Leitung in Moskau sowie des Internationalen Zentrums für wissenschaftliche und technische Information in Moskau.

Neben der internationalen Forschungskooperation mit den Akademien der Wissenschaften gewinnt die Mitwirkung der Akademie an der Realisierung zwei- und mehrseitiger Regierungsabkommen und sonstiger Vereinbarungen der RGW-Staaten über wissenschaftlich-technische Zusammenarbeit wachsende ökonomische Bedeutung.

Das sind z. B. Abkommen über die friedliche Nutzung der Kernenergie, die Erforschung und Nutzung des Weltraumes für friedliche Zwecke (INTERKOSMOS), der Fernerkundung der Erde mit aerokosmischen Mitteln, Industrieroboter, Mikroelektronik, Rechnernetze, Biophysik, Krebsforschung und -bekämpfung, Meeresforschung u. a.

Seit Beginn der INTERKOSMOS-Kooperation haben beispielsweise über 150 wissenschaftliche Apparaturen aus Einrichtungen der Akademie und aus Kombinaten der DDR ihre Aufgaben in Forschungsraketen, Satelliten, Raumschiffen und Orbitalstationen zuverlässig erfüllt. Ihr jüngster Beitrag hierfür sind die Bereitstellung der technischen Mittel und Methoden der Verarbeitung von Bildern, die im Rahmen des internationalen sowjetischen VEGA-Projekts zur Erforschung des Halleyschen Kometen mit einer CCD-Fernsehkamera vom Kometen gewonnen wurden.

RGW-Komplexprogramm

Die Beschlüsse, die durch die 41. Tagung der Repräsentanten der RGW-Länder im Jahre 1985 gefaßt wurden, leiteten für die internationale sozialistische Wissenschaftskooperation eine neue Etappe ein. In Umsetzung des Komplexprogramms des wissenschaftlich-technischen Fortschritts der RGW-Länder bis zum Jahre 2000 gehen die Akademien der Wissenschaften sozialistischer Länder zur Zeit daran, ihre gemeinsame Forschungsarbeit noch stärker auf diejenigen Hauptrichtungen und Schlüsselprobleme des wissenschaftlich-technischen Fortschritts zu

Akademiepräsident Werner Scheler zu Besuch beim Präsidenten der Akademie der Wissenschaften der UdSSR, Anatolij Petrowitsch Alexandrow, im Dezember 1981.

Unterzeichnung der Vereinbarung über die Verleihung von Preisen der Akademien der Wissenschaften der UdSSR und der DDR für die besten gemeinsamen, im Ergebnis der Zusammenarbeit beider Akademien ausgeführten Arbeiten, 1978. Die Unterzeichnung nahmen Vizepräsident Pjotr Fedossejew (l.) und AdW-Generalsekretär Claus Grote vor.

5. Beratung der Vizepräsidenten für Gesellschaftswissenschaften der Akademien der Wissenschaften sozialistischer Länder in Berlin, 1982. An ihr nahmen Wissenschaftler aus der UdSSR, VR Polen, ČSSR, Ungarischen VR, VR Bulgarien, SR Rumänien, SR Vietnam, der Mongolischen VR, der Republik Kuba und der DDR teil. Der Leiter der Delegation der AdW der UdSSR, Akademiemitglied Pjotr Fedossejew, Vizepräsident der sowjetischen Akademie (l.), im Gespräch mit Akademiemitglied Werner Kalweit, Vizepräsident und Leiter des Forschungsbereichs Gesellschaftswissenschaften der AdW der DDR.

konzentrieren, die der umfassenden Intensivierung der Volkswirtschaft dienen.

Im Komplexprogramm wurde beschlossen:
Die Mitgliedsländer des RGW haben „abgestimmte Maßnahmen zur Schaffung und Nutzung grundsätzlich neuer Technik und Technologie durch Konzentration ihrer Kräfte und enge, komplexe Zusammenarbeit im Rahmen des RGW zu folgenden fünf Hauptrichtungen vereinbart:

- Elektronisierung der Volkswirtschaft
- Komplexe Automatisierung
- Kernenergetik
- neue Werkstoffe und Technologien für ihre Herstellung und Verarbeitung
- Biotechnologie.

Diese Richtungen, auf denen die modernen revolutionären Veränderungen in Wissenschaft, Technik und Produktion basieren, liegen der Ausarbeitung und Verwirklichung einer abgestimmten wissenschaftlich-technischen Politik durch die Mitgliedsländer des RGW auf gegenseitig interessierenden Gebieten der ökonomischen Entwicklung und der Zusammenarbeit zugrunde".

Die Beiträge der AdW der DDR zur Umsetzung der Komplexprogramme konzentrieren sich auf die Gebiete Rechentechnik und Informatik, Energetik, Mikroelektronik, Automatisierung von Produktionsprozessen, Festkörperphysik und Werkstoffforschung, Quanten- und Optoelektronik, organische und anorganische Synthesechemie, Carbochemie, die Schaffung wissenschaftlicher Grundlagen für die Verarbeitung einheimischer Rohstoffe, Biotechnologie und die Anwendung gentechnischer Methoden zur Herstellung von Medikamenten und Wirkstoffen, Ernährungsforschung sowie den wissenschaftlichen Gerätebau und den Austausch von Bio- und Feinchemikalien. Zur Koordinierung des Zusammenwirkens wurden bzw. werden Komitees der Akademien sozialistischer Länder gegründet.

Die Pläne und Programme der wissenschaftlichen Zusammenarbeit der Akademien der Wissenschaften sozialistischer Länder für den Zeitraum 1986–1990 werden auf diese Aufgaben eingestellt.

Zentralinstitut für Optik und Spektroskopie. Nobelpreisträger Prof. Nikolai G. Basow (l.), Direktor des „P. N. Lebedew"-Instituts in Moskau und Auswärtiges Akademiemitglied, im Gespräch mit Akademiemitglied Klaus Junge, Direktor des Zentralinstituts, anläßlich der Unterzeichnung gemeinsamer Arbeitsdokumente beider Partnerinstitute 1984.

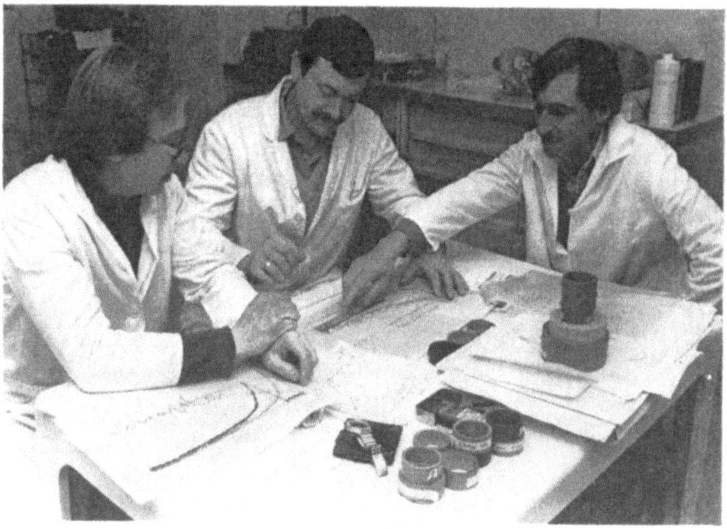

Zentralinstitut für Molekularbiologie. Dr. G. Semisotnov und Dr. A. Petrov (l.) aus Puschtschino bei Moskau bei einem Arbeitsbesuch im Institut.

VIII. Jahrestagung der Ständigen Arbeitsgruppe „Fernerkundung der Erde" im Programm Interkosmos der sozialistischen Länder 1982 in Berlin. Wissenschaftler aus der VR Bulgarien, der Ungarischen VR, der DDR, der Republik Kuba, der VR Polen, der SR Rumänien, der UdSSR und der ČSSR berieten über Forschungsarbeiten, die auf dem Gebiet der Fernerkundung der Erde gemeinsam durchgeführt wurden. Teilnehmer der Tagung waren Fliegerkosmonaut Georgi Iwanow (VRB, r.), Bertalan Farkas (UVR, 2.v.l.), Sigmund Jähn (DDR) und Vladimir Remek (ČSSR, l.).

Nichtsozialistische Länder und UNO-Organisationen

Als Beitrag zur Durchsetzung der Prinzipien der friedlichen Koexistenz und zur Förderung der internationalen Arbeitsteilung und der internationalen wissenschaftlichen Zusammenarbeit unterhält die Akademie auf der Grundlage der Gleichberechtigung und des gegenseitigen Nutzens auch vielfältige Beziehungen zu wissenschaftlichen Institutionen in nichtsozialistischen Ländern.

So bestehen z. B. vertragliche Vereinbarungen über wissenschaftliche Zusammenarbeit mit der Königlich Schwedischen Akademie der Wissenschaften, der Akademie von Finnland, dem Niels-Bohr-Institut in Dänemark, der British Academy und der Royal Society of London, der Nationalen Akademie der Wissenschaften der USA, dem Nationalen Forschungsrat Italiens, dem Nationalen Rat für wissenschaftliche Forschung Frankreichs, der Österreichischen Akademie der Wissenschaften, dem Westeuropäischen Kernforschungszentrum CERN in der Schweiz, der Akademie für wissenschaftliche Forschung und Technologie Ägyptens, dem Amt für Wissenschaft und Technologie Indiens, dem Nationalen Rat für Wissenschaft und Technologie Mexikos, dem Ministerium für nationale Information Sudans sowie dem Rat für wissenschaftliche Forschung Iraks.

Darüber hinaus pflegt die Akademie im Rahmen staatlicher Abkommen, insbesondere von Kulturabkommen und Abkommen über wissenschaftlich-technische Zusammenarbeit, Beziehungen zu weiteren Forschungseinrichtungen einer Reihe kapitalistischer Industrieländer sowie zahlreicher Staaten Asiens, Afrikas und Lateinamerikas.

International hohe Anerkennung haben dabei beispielsweise die Leistungen von Wissenschaftlern der Akademie bei der wissenschaftlichen Dokumentation und Rettung von archäologisch-kulturhistorischen Gütern im Sudan, Ägypten und Irak gefunden. Seit der Aufnahme der DDR in die Vereinten Nationen und ihre Spezialorganisationen haben Wissenschaftler der Akademie bei der Schaffung und Durchführung wissenschaftlicher Programme dieser zwischenstaatlichen internationalen

Organisationen mitgewirkt, vor allem in der UNESCO, der Weltgesundheitsorganisationen (WHO), der Internationalen Atomenergie-Organisation (IAEA) und der Weltorganisation für Meteorologie (WMO). Beispiele hierfür sind die UNESCO-Projekte „Internationales Korrelationsprogramm", „Internationales Hydrologisches Programm", das Programm „Mensch und Biosphäre" oder das „Globale atomsphärische Forschungsprogramm" (GARP) der WMO.

Die Akademie organisiert regelmäßig Trainingskurse für jüngere Wissenschaftler, vorwiegend der Entwicklungsländer, die in Zusammenarbeit mit der UNESCO bzw. mit dem Entwicklungsprogramm der UNO (UNDP) durchgeführt werden, z. B. auf den Gebieten Geophysik, Biotechnologie, und Ökosysteme. Die Mitarbeiter an WHO-Programmen ist konzentriert auf Probleme der Krebsforschung, der Herz-Kreislauf-Forschung und der Steroidforschung. Der geachtete Beitrag, den die Akademie hierbei leistet, kommt u. a. darin zum Ausdruck, daß das Zentralinstitut für Krebsforschung und das Zentralinstitut für Herz-Kreislauf-Forschung zu Collaborating Centres der WHO für Forschung und Ausbildung berufen wurden.

Einrichtungen der Akademie sind weiterhin an der Ausbildung internationaler Inspektoren der IAEA sowie an der Unterstützung der Entwicklungsländer im Rahmen des IAEA-Programms für technische Hilfe und Zusammenarbeit beteiligt, z. B. mit der Durchführung kollektiver und individueller Weiterbildungsmaßnahmen für Wissenschaftler aus Entwicklungsländern und dem Einsatz von Akademie-Experten in diesen Ländern.

Die Grundposition einer aktiven Mitarbeit an internationalen wissenschaftlichen Programmen und Projekten bestimmt auch die Haltung der Akademie gegenüber den nichtstaatlichen internationalen Organisationen. Zur Wahrnehmung der Vertretung der Wissenschaft der DDR in solchen Organisationen bestehen bei der Akademie Nationalkomitees. Sie sind gegenwärtig Mitglied in über 50 dieser Organisationen, u. a. im Internationalen Rat der Wissenschaftlichen Unionen (ICSU) und in der Internationalen Föderation Sozialwissenschaftlicher Organisationen (IFSSO).

Im Rahmen dieser Einrichtungen arbeiten Akademiewissenschaftler an 14 internationalen Forschungsprojekten mit, so

XXII. Internationaler Kongreß für Hochenergiephysik, 18.–25. Juli 1984 in Leipzig. Blick in eine Plenarveranstaltung in der Kongreßhalle.

Einstein-Centenarium 1979 in Berlin. Wissenschaftliche Konferenz der Akademie anläßlich des 100. Geburtstages von Albert Einstein mit Gästen aus vielen Ländern. Akademiemitglied Hans-Jürgen Treder (m.) im Gespräch mit Prof. Christian Moller (Dänemark) (l.) und Prof. Peter Landsberg (Großbritannien).

Zentralinstitut für Physik der Erde Potsdam. UNESCO-Trainingskurs zum Thema „Tektonik, Seismologie, seismische Risikobewertung“ in Potsdam und Mellensee 1984. 15 Wissenschaftler aus 12 Ländern aller Kontinente machten sich mit neuesten Erkenntnissen zur Erdbebenforschung bekannt.

z. B. an den Projekten des Wissenschaftlichen Komitees für Umweltprobleme (SCOPE) und am Mittleren Atmosphärischen Forschungsprogramm.

Die Akademie beteiligt sich auch am internationalen Datenaustauschdienst auf den verschiedenen Gebieten der Geowissenschaften, der über die Mitgliedschaft in der Internationalen Union für Geodäsie und Geophysik (IUGG), der Internationalen Astronomischen Union (IAU), der Europäischen Seismologischen Kommission (ESC) und der Wissenschaftlichen Komitees für Ozeanographische Forschung (SCOR) bzw. für Weltraumforschung (COSPAR) erfolgt und sie mit etwa 1000 Stationen in der ganzen Welt verbindet.

Ausdruck ihres Beitrages zur Durchsetzung der Prinzipien der friedlichen Koexistenz und zur Erfüllung der Schlußakte von Helsinki ist die aktive Mitarbeit der Akademie im Internationalen Institut für Angewandte Systemanalyse (IIASA) in Laxenburg/Österreich, im Internationalen Institut für theoretische Physik in Triest und im Europäischen Zentrum für die Forschung und Koordinierung auf dem Gebiet der Sozialwissenschaften in Wien.

Die DDR ist Gründungsmitglied des 1972 geschaffenen Laxenburger Instituts, das Wissenschaftler aus sozialistischen und kapitalistischen Staaten zu gemeinsamer Arbeit auf Gebieten zusammenführt, die wegen ihres globalen Charakters für die Menschheit von großem Interesse sind.

Auf dem Gebiet der Friedensforschung haben sich zahlreiche Wissenschaftler der Akademie international engagiert. Zum Beispiel findet die Mitarbeit im Stockholmer Internationalen Friedensforschungsinstitut (SIPRI) und im Internationalen Institut für den Frieden in Wien große Beachtung.

Mit allen diesen Aktivitäten und Beziehungen leistet die Akademie einen Beitrag zum internationalen wissenschaftlichen Leben. Sie geht davon aus, daß die enge wissenschaftliche Zusammenarbeit, der Meinungs- und Informationsaustausch sowie die gemeinsame Arbeit an internationalen wissenschaftlichen Projekten für die Entwicklung von Wissenschaft und Technik in der Welt nützlich sind und zur Erhaltung des Friedens und zur Völkerverständigung beitragen.

6. Die Akademie im wissenschaftlichen und kulturellen Leben der Gesellschaft

Entsprechend der ihr im Statut übertragenen Verantwortung nimmt die Akademie Einfluß auf das wissenschaftliche und kulturelle Leben der sozialistischen Gesellschaft in der DDR.

Die von ihr ausgerichteten wissenschaftlichen Veranstaltungen, das Wirken der ihr zugeordneten wissenschaftlichen Gesellschaften sowie die wissenschaftlichen Veröffentlichungen der Mitglieder und Mitarbeiter der Akademie belegen dies.

Sie fördert die schöpferische Anwendung und Verbreitung der wissenschaftlichen Weltanschauung und die Vermittlung neuester wissenschaftlicher Erkenntnisse. Für die Universitäten und Hochschulen und für andere Bildungseinrichtungen sowie für ihre Partner in anderen gesellschaftlichen Bereichen führt die Akademie Aus- und Weiterbildungsmaßnahmen durch.

Aktives Friedensengagement

Unverzichtbares Element des gesellschaftlichen Wirkens der Akademiemitarbeiter ist ihr Eintreten für die Friedenspolitik des Sozialismus und die Aufklärung der Öffentlichkeit über die Gefahren, die von der imperialistischen Hochrüstung und dem Mißbrauch der Erkenntnisse von Wissenschaft und Technik für militärische Zwecke ausgehen. Gerade die Wissenschaftler sind „berufen und verpflichtet, in vorderster Reihe derer zu sein, die den Frieden verteidigen, die für eine friedliche Zukunft der Menschheit kämpfen, die dafür eintreten, alle materiellen und geistigen Werte zum Wohle des Volkes zu nutzen und zu vermehren". (Erich Honecker)

Akademiemitglieder und -angehörige arbeiten aktiv in den verschiedenen Gremien der Friedensbewegung der DDR und in internationalen Gremien mit. Sie beteiligen sich an der Arbeit der Weltföderation der Wissenschaftler (WFW), des Komitees für europäische Sicherheit (DDR-Sektion), der nationalen Pugwash-Gruppe, des 1982 gegründeten Komitees „Ärzte der DDR für die Verhütung eines Nuklearkrieges" und im Friedensrat der DDR.

1982 wandten sich führende Physiker der DDR, unter ihnen die Akademiemitglieder Klaus Fuchs, Robert Rompe und Hans-Jürgen Treder, vom ehemaligen Wohnsitz Albert Einsteins in Caputh bei Potsdam (heute Einstein-Laboratorium für theoretische Physik im Forschungsbereich Geo- und Kosmoswissenschaften), an die Physiker in aller Welt und riefen sie auf, in Erfüllung des Vermächtnisses des weltberühmten Entdeckers der Relativitätstheorie gegen die Gefahr der Vernichtung der Menschheit durch einen Nuklearkrieg aufzutreten.

Dem 1983 bei der Akademie gegründeten DDR-Komitee für wissenschaftliche Fragen der Sicherung des Friedens und der Abrüstung gehören 47 profilierte Wissenschaftler der DDR an. Vorsitzender des Komitees ist Hermann Klare, langjähriger Präsident der Akademie. Das Komitee sieht seine Aufgabe vor allem darin, als wissenschaftlich beratendes Gremium bei der der Akademie der Wissenschaften die Beziehungen zu nationalen und internationalen Gremien, Institutionen und Persönlichkeiten zu koordinieren, die mit spezifischen wissenschaftlichen Mitteln und Methoden und Möglichkeiten für die Sicherung des Friedens und die Abrüstung eintreten. Zugleich gibt das Komitee Anregungen und Empfehlungen für die Wissenschaftler in der DDR, sich verstärkt mit wissenschaftlichen Untersuchungen zur Friedenssicherung und dem möglichen Mißbrauch neuer wissenschaftlicher Erkenntnisse für kriegerische Zwecke zu befassen.

Wissenschaftliche Veranstaltungen

Jedes Jahr führt die Akademie ca. 250 zentrale bzw. internationale wissenschaftliche Veranstaltungen durch, darunter auch Tagungen internationaler Wissenschaftsorganisationen. Sie dienen der Verständigung und dem Meinungsaustausch der Wis-

Gemeinsame Veranstaltung des DDR-Komitees für wissenschaftliche Fragen der Sicherung des Friedens und der Abrüstung bei der Akademie der Wissenschaften und des Komitees „Ärzte der DDR für die Verhütung eines Nuklearkrieges".
Der Präsident des Friedensrates der DDR, Akademiemitglied Günther Drefahl, bei seinem Diskussionsbeitrag. Erste Reihe v. l. n. r.: Akademiemitglied Karlheinz Lohs, Prof. Dr. Horst Klemm, 1. Sekretär der Kreisleitung der SED an der AdW, Akademiepräsident Werner Scheler, Prof. Dr. Ludwig Mecklinger, Minister für Gesundheitswesen der DDR.

2. Friedensforum der FDJ-Organisation der AdW der DDR, Mai 1984. Der Vorsitzende des Komitees für wissenschaftliche Fragen zur Sicherung des Friedens und der Abrüstung, Akademiemitglied Hermann Klare, war Gast des Forums.

senschaftler untereinander, mit Fachkollegen aus aller Welt und mit ihren Partnern in der gesellschaftlichen Praxis.

Bedeutende wissenschaftliche Veranstaltungen der Akademie in den letzten Jahren waren unter anderen Konferenzen zum Karl-Marx-Jahr 1983, zentrale wissenschaftliche Konferenzen der Historiker und Sprachwissenschaftler anläßlich der Ehrungen zum 500. Geburtstag von Martin Luther (1983), der I. Mechanik-Kongreß der DDR (1983), der XXII. Internationale Kongreß der Hochenergiephysiker (1984), die internationale Konferenz „100 Jahre Friedrich Engels' Werk ‚Ursprung der Familie, des Privateigentums und des Staates'" (1984), das 2. Internationale Symposium „Systemanalyse und Simulation" (1985), die Konferenz „Energy Pulse Modification of Semiconductors and Related Materials" (1984).

Durch die Pflege und Weiterführung progressiver und humanistischer Traditionen in Wissenschaft und Technik, in Bildung und Kultur leistet die Akademie einen wesentlichen Beitrag zum wissenschaftlichen und kulturellen Leben.

Leben, Werk und Persönlichkeit hervorragender Vertreter der Wissenschaft werden öffentlich gewürdigt.

So ehrte die Akademie in den letzten Jahren das Wirken vieler ihrer bedeutenden Mitglieder, u. a. Ehrungen für den Physiker Heinrich Barkhausen (1881–1956), den Physiker Albert Einstein (1879–1955), den Mathematiker Leonhard Euler (1707–1783), den Physiker Walter Friedrich (1883–1968), den Mathematiker Carl Friedrich Gauß (1777–1855), die Sprachwissenschaftler Jacob und Wilhelm Grimm (1785–1863, 1786 bis 1859), den Mediziner Robert Koch (1843–1910) und den Wegbereiter der modernen Ägyptologie Richard Lepsius (1810 bis 1884).

Internationale Konferenz „Martin Luther – geschichtliche Stellung und historisches Erbe" der Akademie und des Ministeriums für Hoch- und Fachschulwesen im Oktober 1983 in Halle.

Ehrung in der DDR für den bedeutenden Mathematiker Leonhard Euler aus Anlaß seines 200. Todestages am 18. September 1983. Freundschaftliche Begegnung von Prof. Dr. Wolfgang Walter (BRD), Prof. Dr. Ivor Grattan-Guinnes (Großbritannien), Prof. Dr. Adolf Pawlowitsch Juschkewitsch (UdSSR), Prof. Dr. Walter Habicht (Schweiz) (v. l. n. r.) während des Festaktes in der AdW.

Ehrung für Alexander von Humboldt anläßlich seines 125. Todestages im Mai 1984. Teilnehmer der Festsitzung vor dem A. v. Humboldt-Denkmal Unter den Linden.

Akademie-Auszeichnungen

Um hervorragende Leistungen zu würdigen, stiftete die Akademie eine Reihe von Auszeichnungen, u. a. die Ehrenspange der Akademie der Wissenschaften der DDR, die Helmholtz-Medaille, den Friedrich-Engels-Preis, die Leibniz-Medaille und die Johannes-Stroux-Medaille.

Ehrenspange der Akademie der Wissenschaften der DDR
Sie wird für außerordentliche Verdienste um die Förderung der Wissenschaften, der Nutzbarmachung ihrer Ergebnisse für die Erhaltung und Festigung des Friedens und für den gesellschaftlichen Fortschritt verliehen.

Helmholtz-Medaille
Sie wird für überragende wissenschaftliche Leistungen auf den Gebieten der theoretischen Naturwissenschaften, der Mathematik oder der Erkenntnistheorie verliehen.

Friedrich-Engels-Preis
Er wird für überragende Leistungen auf dem Gebiet der marxistisch-leninistischen Gesellschaftswissenschaften verliehen, mit denen ein maßgeblicher Beitrag zur Gestaltung der entwickelten sozialistischen Gesellschaft in der DDR, zur Durchsetzung der Friedenspolitik des Sozialismus und für grundlegende Beiträge zur kritischen Auseinandersetzung mit bürgerlicher Ideologie erbracht wird.

Leibniz-Medaille
Ihre Verleihung an Einzelpersönlichkeiten oder Kollektive erfolgt für hervorragende wissenschaftliche Leistungen, die entweder durch Forschungen neben der beruflichen Tätigkeit erzielt wurden oder die Ergebnis einer hervorragenden Neuerertätigkeit im Beruf bilden. Sie wird weiterhin für hervorragende wissenschaftliche Leistungen verliehen, die von Akademiemitarbeitern zur Erfüllung von Aufgaben mit besonderer gesellschaftlicher oder volkswirtschaftlicher Bedeutung erzielt wurden.

Johannes-Stroux-Medaille
Mit ihrer Verleihung werden hervorragende Leistungen bei der Erfüllung des gesellschaftlichen Auftrages der Akademie und langjährige vorbildliche Pflichterfüllung in der Akademie gewürdigt.

Für hervorragende Leistungen in einzelnen Wissenschaftsdisziplinen werden an Einzelpersönlichkeiten und Kollektive verliehen:

- Georg-Wilhelm-Friedrich-Hegel-Medaille (Philosophie, Staats-, Rechts- und Wirtschaftswissenschaften);
- Werner-Krauss-Medaille (Geschichte, Sprach-, Literatur- und Kulturwissenschaften);
- Max-von-Laue-Medaille (Physik);
- Jacobus-Henricus-van't-Hoff-Medaille (Chemie und physikalische Chemie);
- Leonhard-Euler-Medaille (Mathematik, Mechanik, Kybernetik und Theorie der automatischen Informationsverarbeitung);
- Franz-Karl-Achard-Medaille (technische und technologische Wissenschaften);
- Walter-Friedrich-Medaille (Biowissenschaften und Biophysik);
- Robert-Koch-Medaille (medizinische Wissenschaft).

Wissenschaftliche Gesellschaften

Der Akademie sind 12 der etwa 100 wissenschaftlichen Gesellschaften in der DDR zugeordnet. In ihnen vereinigen sich Wissenschaftler und wissenschaftlich tätige und interessierte Bürger aus allen gesellschaftlichen Bereichen (vor allem Industrie, Volksbildung, Gesundheitswesen). Sie sind Zentren der fachkundigen Information und des wissenschaftlichen Meinungsstreites und helfen, neueste wissenschaftliche Erkenntnisse und Erfahrungen über die Grenzen von Institutionen und Forschungsstätten hinaus zu vermitteln. Neben der spezialisierten Fachdiskussion fördern die Gesellschaften bei ihren Mitgliedern das Verständnis für aktuelle Fragen der Wissenschaft.

Die der Akademie zugeordneten Wissenschaftlichen Gesellschaften und ihre Fachgruppen und Sektionen führen jährlich einige hundert wissenschaftliche Veranstaltungen durch. Sie geben 22 Zeitschriften und andere Periodika heraus und verleihen Medaillen und Preise für hervorragende Forschungsleistungen (u. a. Friedrich-Wöhler-Preis der Chemischen Gesellschaft, Gustav-Hertz-Preis der Physikalischen Gesellschaft). Spezielle Auszeichnungen sind Arbeiten junger Wissenschaftler vorbehalten.

Intensiv fördern die Wissenschaftlichen Gesellschaften begabte Schüler. So verleiht die Biologische Gesellschaft, seit 1971 gemeinsam mit dem Ministerium für Volksbildung, den Ernst-Haeckel-Schülerpreis. Der Schülerpreis der Physikalischen Gesellschaft wird jährlich vergeben.

Die Mathematische Gesellschaft führt – ebenfalls gemeinsam mit dem Ministerium für Volksbildung – jährlich die Olympiade Junger Mathematiker durch.

Wissenschaftliche Veröffentlichungen

Ergebnisse der wissenschaftlichen Arbeit werden der Öffentlichkeit durch Publikationen vermittelt. Dazu zählen Arbeitsergebnisse von Plenum und Klassen, Protokolle und andere Veröffentlichungen über Ergebnisse der von der Akademie durchgeführten wissenschaftlichen Veranstaltungen sowie über die Tätigkeit der Akademie. Zahlreiche Institute der Akademie geben eigene Schriftenreihen, wissenschaftliche Mitteilungen und andere Periodika mit Ergebnissen ihrer Tätigkeit heraus. Eine wissenschaftspolitische Integrationsfunktion hat die Monatszeitschrift „spectrum", die vom Präsidenten der Akademie herausgegeben wird. Jährlich verzeichnet die Akademie 8000 bis 9000 wissenschaftliche Veröffentlichungen.

Der Akademie-Verlag dient der öffentlichen Vermittlung ihrer wissenschaftlichen Ergebnisse zur Pflege und Bewahrung des wissenschaftshistorischen Erbes und zur Bereicherung des kulturellen Lebens. Seit 1946 veröffentlichte er über 12000 Bücher und Broschüren. Zur Zeit werden jährlich ca. 300 Neuerscheinungen verlegt. Das Spektrum des Verlagsprogramms reicht von der wissenschaftlichen Monographie, die den Hauptteil des Publikationsprogramms ausmacht, über Lehrbücher, Sammelwerke, historisch-kritische Werkausgaben, Wörterbücher, Corpora, Atlanten, Textausgaben und Quelleneditionen, Wissenschaftliche Jahrbücher, Handbücher, Lexika, Forschungsberichte und Bibliographien bis hin zu Taschenbüchern.

Editorisch und kulturell bedeutsam sind solche Werkausgaben wie „Gottfried Wilhelm Leibniz, Sämtliche Schriften und Briefe", „Aristoteles, Werke in deutscher Übersetzung", „Ludwig Feuerbach, Gesammelte Werke".

Erhebliche wissenschaftliche und praktische Bedeutung hat das Wörterbuchprogramm des Verlages. Dazu gehören das „Wörterbuch der deutschen Gegenwartssprache", das „Russisch-deutsche Wörterbuch" und das „Wörterbuch der ägyptischen Sprache". Lehrbücher, die der Verlag herausbrachte, wie z. B. das „Lehrbuch der Theoretischen Physik" von L. D. Landau und E. M. Lifschitz, die „Physikalische Chemie" von Kurt Schwabe und viele Titel aus der Reihe „Mathematische Lehrbücher und Monographien" sind als Standardwerke anerkannt.

Fundamentalen Wert für Forschung und Erkenntnis besitzen die vom Verlag veröffentlichten Corpora. Zu ihnen gehören das im Auftrag der Union Académique Internationale erscheinende „Corpus Vasorum Antiquorum" ebenso wie das „Corpus des notes marginales de Voltaire".

Für die wissenschaftlichen Atlanten ist der „Atlas zur Interpretation aerokosmischer Multispektralaufnahmen" beispielhaft, der in Koedition mit dem Verlag „Nauka" der Akademie der Wissenschaften der UdSSR herausgegeben wurde. Textausgaben auf den Gebieten der Philosophie, der Ökonomie, der frühen sozialistischen Literatur in Deutschland und der Volksmärchenforschung haben im Verlagsprogramm ebenso wie bedeutende Quellenpublikationen zur Geschichte einen festen Platz.

Bei Handbüchern und Lexika orientiert sich der Verlag sowohl an sehr speziellen Interessen, wie etwa mit dem „Handbuch der Oologie", als auch auf einen größeren Interessentenkreis, wie z. B. mit dem „Lexikon der Kybernetik".

Jahrbücher geben Einblick in die Tätigkeit der Akademie oder vermitteln Kenntnisse über neue Forschungsergebnisse.

In den „Wissenschaftlichen Taschenbüchern", bekannt unter der Kurzbezeichnung WTB, führen kompetente Autoren in gedrängter Form in naturwissenschaftliche Disziplinen ein.

Der Akademie-Verlag ist in der DDR der größte Verleger wissenschaftlicher Zeitschriften. Durch Übernahme und Weiterführung traditionsreicher Unternehmen und Neugründungen besitzt er ein umfangreiches und thematisch differenziertes Zeitschriftenprogramm. Dazu gehören u. a. die Zeitschrift „physica status solidi" und die von der Akademie herausgegebene populärwissenschaftliche Zeitschrift „Wissenschaft und Fortschritt".

1978 erwarb die Akademie den seit 1625 bestehenden traditionsreichen Wissenschaftsverlag Hermann Böhlaus Nachfolger Weimar. Unter Beibehaltung seines Verlagsprofils ist er für Publikationsaufgaben der Akademie und anderer wissenschaftlicher Einrichtungen der DDR tätig. Bedeutung haben vor allem seine historisch-kritischen Ausgaben, darunter das monumentale Unternehmen der kritischen Gesamtausgabe „Martin Luther, Werke".

Der Akademie-Verlag ist größter Exporteur der DDR für wissenschaftliche Literatur und trägt damit wesentlich zur weltweiten Verbreitung wissenschaftlicher Erkenntnisse bei.

Das Wissenschaftliche Informationszentrum mit der Hauptbibliothek sowie das Zentrale Archiv der Akademie besitzen über die Akademie hinausreichende kultur- und wissenschaftspolitische Bedeutung. Wissenschaftliches Informationszentrum und Hauptbibliothek sorgen in erster Linie für die Bereitstellung wissenschaftlicher Literatur und erschließen diese Quellen. Das Zentrale Archiv ist zuständig für die Sicherung, Bewertung, Erschließung und Auswertung des Archivgutes der Akademie. Es bewahrt die historischen Traditionen der Akademie seit ihrer Gründung, stellt das Archivgut für vielfältige Forschungsaufgaben zur Verfügung und publiziert aus den Archivbeständen. Außer den historischen Aktenbeständen 1700 bis 1945 und den Beständen seit Wiedereröffnung der Akademie nach 1946 befinden sich gegenwärtig 170 Nachlässe bedeutender Akademiemitglieder in seinem Besitz.

Populärwissenschaftliche Tätigkeit

Die Akademie richtet sich mit einer umfangreichen und vielseitigen populärwissenschaftlichen und propagandistischen Publikations- und Vortragstätigkeit ihrer Mitarbeiter an die Öffentlichkeit. Vorträge, Lektionen und Seminare werden gemeinsam mit der URANIA-Gesellschaft, dem Kulturbund und der Kammer der Technik durchgeführt. Referenten der Akademie sprechen in Bildungseinrichtungen der Parteien, gesellschaftlichen Organisationen und Betrieben.

Einen guten Ruf hat die Vortragsreihe „Forschungen und Fortschritte" erworben, die monatlich im Berliner Vortragszentrum der URANIA stattfindet und in der führende Akademiewissenschaftler über neueste Forschungsergebnisse Auskunft geben. Alljährlich führt die Akademie „Tage der Wissenschaft" im Bezirk Neubrandenburg durch. Mitarbeiter der Akademie betreuen in vielen Fällen Schülerarbeitsgemeinschaften.

Eine umfangreiche Arbeit bei der Verbreitung wissenschaftlicher Erkenntnisse und bei der Vermittlung der wissenschaftlichen Weltanschauung leisten Akademiewissenschaftler in Zusammenarbeit mit den Massenmedien der DDR. Sie sind Autoren und Mitgestalter von Artikeln in den Tages- und Wochenzeitungen, populärwissenschaftlichen Zeitschriften sowie von Vorträgen und Sendebeiträgen im Rundfunk und Fernsehen der DDR. An zahlreichen Filmen wirken Akademiemitglieder als wissenschaftliche Berater mit.

Neubau und Erhaltung von Bauten

Die Akademie der Wissenschaften verfügt über bedeutsame Bauten und Kulturgüter. In den ersten Jahren nach ihrer Wiedereröffnung 1946 übernahm die Akademie eine Reihe vorhandener, zum Teil durch Kriegseinwirkung zerstörter Gebäude zum Aufbau eines eigenen Forschungspotentials. Darunter waren sowohl Bauten, die bereits früher wissenschaftlichen Zwecken gedient hatten (u. a. Gebäude für astrophysikalische Forschungen in Potsdam, Einrichtungen der ehemaligen Kaiser-Wilhelm-Gesellschaft in Berlin-Buch), als auch solche, die ursprünglich nicht für wissenschaftliche Arbeiten gedacht waren.

Die Erweiterung der materiell-technischen Basis der Akademieforschung war mit dem systematischen Aufbau neuer Wissenschaftsgebäude verbunden. Seit Mitte der 50er Jahre wurden an Standorten, die mit volkswirtschaftlichen Anforderungen und wissenschaftlichen Traditionen korrespondierten, neue Gebäude errichtet, die den Ansprüchen einer modernen experimentellen Forschung gerecht wurden.

Forschungsstätten, die bis Mitte der 60er Jahre entstanden, sind unter anderen:

- Institut für Mikrobiologie und experimentelle Therapie in Jena (1956)
- Robert-Rössle-Klinik in Berlin Buch (1957)
- Institut für Kulturpflanzenforschung in Gatersleben (1958)
- Observatorium Tautenburg (1960)
- Institut für Festkörperphysik und Elektronenmikroskopie in Halle (1963)
- Institut für Biochemie der Pflanzen in Halle (1964).

Zu einem Schwerpunkt der Bautätigkeit der Akademie wurde in der Folgezeit der Bau von universell nutzbaren Laborgebäuden, die den wechselnden Forschungsaufgaben angepaßt werden konnten. Die Akademie führte dazu eigene Untersuchungen durch. So entstand 1961 das Laborgebäude der damaligen Institute für physikalische Chemie und angewandte Katalyseforschung in Berlin-Adlershof. Es galt als Prototyp für Laborgebäude mit standardisierten, universell nutzbaren Laborräumen.

Unter Anwendung einer standardisierten Bauweise wurde auch das Laborgebäude des damaligen Forschungszentrums für Molekularbiologie und Medizin in Berlin-Buch errichtet (1981). Weiterhin wurden hochspezialisierte Bauten, die den Wirkungsraum für wissenschaftliche Großgeräte oder für Anlagen und Anlagenkomplexe zu speziellen Forschungen darstellen, errichtet.

Dazu gehören Gebäude für

- einen Tandemgenerator (1971)
- das Höchstspannungs-Elektronenmikroskop (1971)
- die Betatron-Anlage des ZI für Krebsforschung (1977)

– die Intensivbettenstation als Erweiterungsbau des Zentralinstituts für Herz-Kreislauf-Forschung (1982)
– das Institut für Kosmosforschung (1983)
– das Institut für Halbleiterphysik Frankfurt/Oder (1983)

Denkmalgeschützte Gebäude

Die zentrale Denkmalliste der DDR enthält als besonders zu schützende und zu erhaltende Gebäude fünf Objekte, die sich im Besitz der Akademie befinden:
– Astrophysikalisches Observatorium Potsdam, Telegrafenberg (Zentralinstitut für Physik der Erde und Zentralinstitut für Astrophysik)
– Einstein-Turm Potsdam, Telegrafenberg (Zentralinstitut für Astrophysik). Teleskop und Instrumente stammen von Carl Zeiss Jena und sind seit 1924 in Betrieb.
– Sommerhaus Albert Einsteins Caputh bei Potsdam (heute Einstein-Laboratorium für theoretische Physik).
– Wilhelm-Ostwald-Gedenkstätte Großbothen, Kreis Grimma (betreut vom Institut für technische Chemie Leipzig).
– Hauptgebäude der Akademie Berlin am Platz der Akademie (Sitz der Akademie).

Kunstbesitz

Die Akademie besitzt rund 2600 Arbeiten der Malerei, Grafik Plastik, der architekturgebundenen Kunst und des Kunsthandwerkes. Kunstwerke befinden sich in allen Akademieeinrichtungen. Der Hauptteil der Kunstbestände wird durch die 1983 an der Akademie gebildete Kustodie erfaßt und betreut.

Besonders hervorzuhebende Kunstwerke des Akademiebesitzes sind die Mamorbüste Voltaires (1778) sowie eine Bildnisbüste d'Alemberts (1778), beide von Jean-Antoine Houdon; an Gemälden u. a. Bildnisse von G. W. Leibniz (um 1700), Karl Marx (1952, Bert Heller), Albert Einstein (1952, Hermann Hensel).

Zentralinstitut für Molekularbiologie Berlin-Buch

Institut für Halbleiterphysik Frankfurt/Oder

Zentralinstitut für Herz-Kreislauf-Forschung. Innenhof des Institutskomplexes.

Hauptgebäude der Akademie der Wissenschaften der DDR, Platz der Akademie, Sitz des Präsidiums der Akademie.

Zentralinstitut für Astrophysik. Sternwarte Babelsberg.

Zentralinstitut für Astrophysik. Einstein-Turm auf dem Akademie-Gelände in Potsdam.

Einstein-Laboratorium für theoretische Physik (ehemaliges Sommerhaus A. Einsteins), Caputh bei Potsdam.

Bildnisbüste Voltaire. Jean-Antoine Houdon.

Bildnisbüste Alexander v. Humboldt. Christian Daniel Rauch.

Bildnis Johannes Stroux. Bert Heller.

Evolution II. Aquarell. Peter Silvester.

Wissenschaftlich-technische Sammlungen

Im Besitz der Akademie befinden sich zahlreiche wissenschaftshistorische Geräte und Instrumente. Besonders reiche Bestände weisen die Sammlungen der Sternwarte Babelsberg, des Heinrich-Hertz-Instituts für Atmosphärenforschung und Geomagnetismus und des Zentralinstituts für Physik der Erde auf. In anderen Instituten befinden sich weitere Belegsammlungen und Einzelstücke von Instrumenten, die für die Wissenschaftsentwicklung des jeweiligen Fachgebietes wesentlich waren. Auch Geräte und andere wissenschaftlich wertvolle Sachzeugen der jüngsten Geschichte werden dem Kulturgut der Akademie zugerechnet.

Sternwarte Babelsberg
Sammlung historischer astronomischer Geräte von hohem wissenschaftshistorischen Rang. Originalgeräte der Alten und Neuen Berliner Sternwarte aus berühmten europäischen Werkstätten des 18. bis 20. Jh.;

Heinrich-Hertz-Institut
Im Observatorium Niemegk: Sammlung historischer Sonnenuhren und Kompasse des 16. bis 19. Jh. (Hellmannsche Sammlung), auch kunsthandwerklich bemerkenswert. Bedeutende Geräte zur Geschichte der Erforschung des Erdmagnetismus, zum Teil noch in Betrieb;

Zentralinstitut für Physik der Erde
Historische Geräte zur Bestimmung der Schwerkraft der Erde und ihrer Erscheinungen. Sammlung von Längenmeßmitteln und Seismographen, die im Museum Burg Ranis ausgestellt sind.

Die Akademie der Wissenschaften der DDR im Überblick

Leistung und Tradition

Die Akademie der Wissenschaften der Deutschen Demokratischen Republik ist ein *leistungsfähiges wissenschaftliches Zentrum* und zugleich *eine der ältesten und traditionsreichsten Wissenschaftsinstitutionen* des Landes. Sie ging aus der von Leibniz im Jahre 1700 geschaffenen Brandenburgischen Sozietät der Wissenschaften hervor und führt die wissenschaftlichen und humanistischen Traditionen ihrer Geschichte und ihrer bedeutendsten Gelehrten fort.

Nach der Zerschlagung des Hitlerfaschismus wurde die Akademie als „Deutsche Akademie der Wissenschaften zu Berlin" am 1. August 1946 wiedereröffnet. In früheren Zeiten ausschließlich bzw. vorwiegend Gelehrtengesellschaft von lokaler Bedeutung, ist sie heute Teil des wissenschaftlichen Potentials der DDR.

Unter Führung der Arbeiterklasse und ihrer Partei wurde es möglich, an die progressiven Ansätze in der Geschichte der Akademie anzuknüpfen. Die Wissenschaftspolitik der SED schuf die Bedingungen zu einem bemerkenswerten Aufschwung der Wissenschaften in der DDR. Erstmals war die Möglichkeit gegeben, bereits von Leibniz formulierte Grundprinzipien der Akademie zu verwirklichen:

- Die Akademieforschung muß für die gesellschaftliche Praxis wirksam werden – Theoria cum praxi.
- Die Akademieforschung geht von der Einheit der Wissenschaften aus – universitas literarum.

Einheit von Gelehrtengesellschaft und Forschungseinrichtung

Die Akademie der Wissenschaften der DR umfaßt als wissenschaftliches Zentrum der DDR eine Gemeinschaft hervorragender Gelehrter und leistungsfähiger Forschungseinrichtungen. Sie betreibt Grundlagen- und angewandte Forschung. Mit fundamentalen wissenschaftlichen Ergebnissen, durch gezielte Zusammenarbeit mit den Bereichen der gesellschaftlichen Praxis, durch Beratungstätigkeit, Aus- und Weiterbildung und Öffentlichkeitsarbeit leistet die Akademie der Wissenschaften ihren Beitrag zur weiteren erfolgreichen Entwicklung der sozialistischen Gesellschaft.

Zur Verwirklichung dieser Zielstellungen verfügt die Akademie der Wissenschaften über ein bedeutendes wissenschaftliches Potential. An über 50 Forschungseinrichtungen, die auf nahezu allen Wissenschaftsgebieten und zukunftsträchtigen Hauptlinien des wissenschaftlich-technischen Fortschritts tätig sind, arbeiten rund 23000 Beschäftigte.

Die Akademie der Wissenschaften verkörpert das größte zusammenhängende Potential des Landes auf dem Gebiet der Grundlagenforschung. Gegenstand der Akademieforschung sind viele mathematische, naturwissenschaftliche, technische, medizinische und gesellschaftswissenschaftliche Gebiete der fortgeschrittenen Wissenschaft. Hohe wissenschaftliche Kompetenz verkörpern die in Plenum und Klassen der Akademie organisierten Ordentlichen und Korrespondierenden Mitglieder. Diese garantieren ein breites Spektrum der in der Akademie vertretenen Wissenschaftsgebiete. Die Gelehrtengesellschaft bietet durch die multidisziplinäre Zusammensetzung und die akkumulierten Erfahrungen ihrer Mitglieder alle Voraussetzungen, um – wie es im Statut heißt – „Wissenschaft und Technik mit hervorragenden Leistungen und Ergebnissen zu bereichern".

Mit der Entscheidung der Partei- und Staatsführung der DDR Anfang der 70er Jahre, die Grundlagenforschung als Quelle neuer Erkenntnisse über gesetzmäßige Zusammenhänge in Natur und Gesellschaft planmäßig auszubauen und systematisch zu fördern, erhielt die Akademie eine verantwortungsvolle gesellschaftliche Stellung. An ihre Leistungsfähigkeit und ihr Vermögen, die Forschung nach gesellschaftspolitischen und insbesondere ökonomischen Prämissen immer wieder in notwendiger Weise zu profilieren, wurden und werden hohe Erwartungen geknüpft. Diesen Erwartungen wird entsprochen, indem eine neue Qualität in der Verflechtung von Wissenschaft und Produktion hergestellt wird.

Verbindung von Erkenntnisfortschritt und technologischer Entwicklung

Maßstab der Relevanz wissenschaftlichen Fortschritts ist heute mehr denn je ihre Anwendbarkeit in Technik, Technologie und Produktion. In den Schlüsselbereichen des wissenschaftlich-technischen Fortschritts gehen daher Grundlagenforschung und angewandte Forschung Hand in Hand. Die Grundlagenforschung an der Akademie steht vor der Aufgabe, wissenschaftlichen Vorlauf für die gesellschaftliche Entwicklung in den neunziger Jahren, vor allem Forschungsergebnisse zu liefern, die fundamentale Bedeutung für die Volkswirtschaft der DDR und die Kooperation im Rahmen des RGW besitzen. Dabei orientiert sie sich an den Bedürfnissen der sozialistischen Gesellschaft und an den inneren Gesetzmäßigkeiten der Wissenschaftsentwicklung.

Die Akademie der Wissenschaften verkörpert eine Form der Forschung, die sich als besonders geeignet erweist, Erkenntnisfortschritt und technologische Entwicklung unter komplexer Zielstellung durch interdisziplinäre Arbeit miteinander zu verbinden. Dabei ist die Akademie darauf angewiesen, daß ihre Praxispartner Ergebnisse der Grundlagenforschung und angewandten Forschung rasch aufzugreifen vermögen und ihre Kooperationsfähigkeit durch eigene Forschung und Entwicklung fundiert wird. Breiteste Anwendung neuer Wirkprinzipien in der Technik setzen voraus, daß die Wirkungsgrundlagen weitgehend aufgeklärt sind. In den Kombinaten und Betrieben zu leistende zweigspezifische Grundlagenforschung bestimmt daher weitgehend die Aufnahmefähigkeit für Schlüsseltechnologien.

Gesellschaftliche Wirksamkeit

Die Akademie ist Teil des wissenschaftlichen Gesamtpotentials der DDR und realisiert ihre Ziele arbeitsteilig im engen Zusammenwirken mit Forschungseinrichtungen, Kombinaten und anderen Praxispartnern. Im Mittelpunkt steht dabei die breite Nutzung der Forschungsergebnisse und deren schnelle Überführung.

Darüber hinaus fördert die Akademie das wissenschaftliche und kulturelle Leben in der DDR, die Verbreitung der marxistisch-leninistischen Weltanschauung und die allseitige Bildung unseres Volkes. Die Akademie läßt sich von der Einsicht leiten, daß Erkenntnissuche und Wissenserweiterung als Ausdruck und Bestandteil unserer Kultur anzusehen sind. Die Geschichte der Akademie belegt, daß die Forschung kultureller Auftrag und Verpflichtung ist.

Zu den Zielen der Akademie gehört es, daß sie zur Erweiterung des Weltfundus der Wissenschaft beiträgt. Dem dienen insbesondere Veröffentlichungen, wissenschaftliche Veranstaltungen und eine umfangreiche propagandistische Tätigkeit in Gestalt populärwissenschaftlicher Bücher, Vorträge und Zeitschriftenartikel zu natur- und gesellschaftswissenschaftlichen Themen. Die Akademie beteiligt sich an der Ausarbeitung langfristiger strategischer Analysen und Empfehlungen. Hier nutzt sie die hohe Sachkunde ihrer in Plenum, Klassen und Instituten tätigen Wissenschaftler. Gemeinsam mit dem Ministerium für das Hoch- und Fachschulwesen und dem Ministerium für Wissenschaft und Technik plant und koordiniert die Akademie Ziele und Aufgaben der mathematisch-naturwissenschaftlichen und technikwissenschaftlichen Grundlagenforschung. Auf Gebieten der gesellschaftswissenschaftlichen und medizinischen Forschung übt sie koordinierende Funktionen aus.

Beitrag zur sozialistischen ökonomischen Integration

Komplexität und Langfristigkeit der mit den Zukunftstechnologien zusammenhängenden Fragen sowie ihre revolutionierenden Auswirkungen auf nahezu alle Bereiche unserer Gesellschaft erfordern im hohen Maße ein internationales und arbeitsteiliges Vorgehen. Die Grundlagenforschung muß der sich immer mehr vertiefenden ökonomischen sozialistischen Integration vorausgehen und sie begründen. Sie muß die zukunftsträchtigsten wissenschaftlich-technischen Gebiete erkunden und die Voraussetzungen für ihre ökonomische Erschließung schaffen. Mit dieser Zielstellung entwickelt die Akademie der Wissenschaften ihre internationalen Beziehungen zu den sozialistischen Ländern. Besonders eng und mit wachsender Verantwortung gestaltet sich die Zusammenarbeit zwischen den Akademien der Wissenschaften. Für die perspektivische Entwicklung der ökonomischen und wissenschaftlich-technischen Zusammenarbeit im RGW und insbesondere zwischen der DDR und der UdSSR wurden im Komplexprogramm des wissenschaftlich-technischen Fortschritts Hauptrichtungen der Kooperation bis zum Jahre 2000 beschlossen.

Internationale Zusammenarbeit für Frieden und Humanismus

Die AdW der DDR pflegt internationale Wissenschaftsbeziehungen, die dem friedlichen Zusammenwirken der Völker, dem Wohle der Menschen und dem Gedeihen der Wissenschaft selbst dienen. Diese Beziehungen haben gerade in einer Zeit, die dura- eine vom Imperialismus betriebene Zuspitzung der internationch len Lage und die Gefahr eines Kernwaffenkrieges gekennzeich net ist, große Bedeutung für die Begegnung und Verständigung der Wissenschaftler zur Wahrung des Friedens und die friedliche Nutzung der Ergebnisse der Wissenschaft. Die Weltwissenschaft, als deren Bestandteil sich die Akademie betrachtet, muß entsprechend ihrer humanistischen Verpflichtung einen gewichtigen Beitrag zur Lösung der dringenden globalen Probleme, wie dem Ringen um sozialen Fortschritt, der Beseitigung des Hungers und der Erhaltung der natürlichen Umwelt leisten. Auch diesem Ziel ist die Akademie verpflichtet. Eine besondere Form der internationalen Wissenschaftsbeziehungen sind die Wahlen und die Mitgliedschaft ausländischer Wissenschaftlerpersönlichkeiten in unserer Akademie.

Anhang

1. ZEITTAFEL

1700 Am 11. Juli wird nach Plänen von Gottfried Wilhelm Leibniz (1646–1716) die „Brandenburgische Societät der Wissenschaften" in Berlin gegründet.

1744 Beginn einer Reorganisation der Akademie, in deren Verlauf sie sich zu einer führenden europäischen Wissenschaftssozietät entwickelte.

1810 Gründung der Berliner Universität und zugleich Beginn einer weiteren Reformierung der Akademie, die durch das Zusammenwirken mit der Universität in ihrer Interdisziplinarität gewann.

1838 Umbenennung in „Königlich Preußische Akademie der Wissenschaften zu Berlin".

1842 Das Akademiemitglied Gustav Magnus richtet am Kupfergraben das erste physikalische Forschungslaboratorium Deutschlands ein. Das erhalten gebliebene heutige „Magnus-Haus" ist Sitz der Physikalischen Gesellschaft der DDR.

1871 Hermann von Helmholtz (1821–1894) wird zum Ordentlichen Mitglied der Akademie gewählt. Nach ihm ist die höchste wissenschaftliche Auszeichnung der Akademie, die Helmholtz-Medaille, benannt, die 1891 gestiftet wurde.

1894 Max Planck wird Ordentliches Mitglied der Akademie. 1918 erhält er den Nobelpreis für Physik.

1900 200jähriges Jubiläum der Berliner Akademie.

1925 Die Akademie der Wissenschaften der UdSSR besteht 200 Jahre. An den Festlichkeiten nimmt eine repräsentative Delegation der Berliner Akademie teil, der auch Max Planck angehört.

1931 Die Wertschätzung, die die AdW der UdSSR der Zusammenarbeit mit der Berliner Akademie entgegenbrachte, drückte sich u. a. darin aus, daß Albert Einstein, Max Planck, Walter Nernst, Ulrich von Wilamowitz-Moellendorf, Max Born, Max Vasmer und Ulrich Wilcken zu Ehren- bzw. Korrespondierenden Mitgliedern gewählt wurden.

1938 Die ersten fünf Jahre der faschistischen Diktatur reduzierten den Mitgliederstand der Akademie durch Vertreibung und Emigration mit nur noch 55 Ordentlichen Mitgliedern auf den Stand des Jahres 1840.

1946 Am 1. August wird die ehemalige Preußische Akademie auf Befehl der sowjetischen Militäradministration als „Deutsche Akademie der Wissenschaften zu Berlin" wiedereröffnet. Der Akademie wird die Aufgabe gestellt, am Aufbau des demokratischen Deutschlands mitzuwirken. Die Entscheidung über die Wiedereröffnung der Akademie trifft zeitlich mit dem 300. Geburtstag von Gottfried Wilhelm Leibniz zusammen.
Die ersten Forschungsinstitute an der Akademie entstehen.

1950 250-Jahr-Feier der Akademie im ersten Jahr der DDR. Die Festansprache hält Präsident Wilhelm Pieck.

1956 Die erste Vereinbarung über wissenschaftlich-technische Zusammenarbeit mit der Akademie der Wissenschaften der UdSSR wird abgeschlossen.

1957 Die Forschungsgemeinschaft der naturwissenschaftlichen, technischen und medizinischen Institute an der Akademie wird gebildet.

1963 Bildung der Arbeitsgemeinschaft der gesellschaftswissenschaftlichen Institute und Einrichtungen der Akademie.

1969 Die Kreisparteiorganisation der SED an der Akademie der Wissenschaften wird gegründet.
Im gleichen Jahr orientiert das neue Statut der AdW der DDR auf die Entwicklung zur Forschungsakademie der sozialistischen Gesellschaft.

1972 Eine Delegation des ZK der SED unter Leitung von Erich Honecker berät mit dem Präsidium der Akademie über die vom VIII. Parteitag gestellten Aufgaben. Die Akademie erhält auf Beschluß des Ministerrates der DDR den Namen „Akademie der Wissenschaften der DDR". Die Entwicklung von einer reinen Gelehrtengesellschaft alten Typs zu einer sozialistischen Forschungsakademie ist abgeschlossen.

1974 Die Akademie der Wissenschaften der DDR und das Ministerium für Hoch- und Fachschulwesen beginnen nach einer Konzeption zur langfristigen Entwicklung der Grundlagenforschung zu arbeiten.

1975 Die Akademie begeht den 275. Jahrestag ihrer Gründung. Wesentlicher Bestandteil des Jahrestages ist eine Leistungsschau der Akademie.

1981 Der X. Parteitag der SED konnte feststellen, daß durch die Grundlagenforschung an der Akademie und im Ministerium für Hoch- und Fachschulwesen mehr Beiträge zu Spitzenleistungen bei Erzeugnissen, Verfahren und Technologien erzielt wurden.
Der Arbeitsbesuch einer Delegation des Politbüros des ZK der SED unter Leitung von Erich Honecker in der Akademie dient der effektiveren Nutzung der Wissenschaft bei der Realisierung der vom X. Parteitag der SED beschlossenen ökonomischen Strategie.

1984 Das neue Statut der Akademie, das ihre gewachsene Verantwortung ausdrückt, tritt in Kraft.

2. DAS PRÄSIDIUM DER AKADEMIE

Präsident
Werner Scheler, OM

1. Sekretär der SED-Kreisleitung
Horst Klemm

1. Vizepräsident
Ulrich Hofmann, OM

Generalsekretär
Claus Grote, OM

Vizepräsidenten
Werner Bahner, OM
Werner Kalweit, OM
Heinz Stiller, OM

Leiter der Forschungsbereiche
Günter Albrecht, OM
Lothar Budach, OM
Heinz Kautzleben, KM
Siegfried Nowak, OM
Manfred Ringpfeil, OM

Vorsitzende der Klassen
Rudolf Baumann, OM
Wolfgang Böhme, OM
Lothar Budach, OM
Joachim Herrmann, OM
Eberhard Hofmann, OM
Hermann Klare, OM
Helmut Koziolek, OM
Werner Lange, OM
Robert Rompe, OM

Sekretär des Präsidiums
Gert Wangermann, KM

(OM: Ordentliches Mitglied, KM: Korrespondierendes Mitglied)

3. DIE ORDENTLICHEN UND KORRESPONDIERENDEN MITGLIEDER

(nach den Namen folgen Geburtsjahr, Jahr der Wahl und wissenschaftliches Fachgebiet)

Albrecht, Günter
1930, OM 1981
Physik, (Festkörperphysik, dünne Schichten)
Albrecht, Rosemarie
1915, OM 1967
Medizin (Oto-Rhino-Laryngologie)
Albring, Werner
1914, OM 1961
Physik (Strömungsmechanik, Turbulenz)
Alexander, Karl Friedrich
1925, OM 1973
Physik (Irreversible Thermodynamik, Kernphysik)
Ambrosius, Herwart
1925, OM 1980
Immunbiologie, Tierphysiologie
Asser, Günter
1926, KM 1977
Mathematik (Mathematische Logik und Grundlagen der Mathematik)
Auth, Joachim
1930, OM 1969
Physik (Halbleiterphysik)

Bahner, Werner
1927, OM 1966
Sprach- und Literaturwissenschaft (Romanistik)
Baumann, Rudolf
1911, OM 1966
Medizin (Zerebro-viszerale Regulationsforschung)

Becker, Heinz
1922, OM 1977
Chemie (Organische Chemie, Fotochemie)
Berger, Werner
1932, KM 1984
Hochpolymere, Textilchemie
Bethge, Heinz
1919, OM 1972
Physik (Festkörperphysik, Elektronenmikroskopie)
Bielfeldt, Hans Holm
1907, OM 1953
Sprachwissenschaft (Slawistik)
Bielka, Heinz
1929, OM 1978
Molekular- und Zellbiologie
Blumenauer, Horst
1935, OM 1983
Werkstoffwissenschaft (Werkstoffprüfung, Bruchmechanik)
Bobeth, Wolfgang
1918, OM 1967
Textil- und Faserstoff-Technologie
Böhme, Helmut
1929, OM 1969
Genetik (Bakteriengenetik)
Böhme, Wolfgang
1926, OM 1980
Theoretische Meteorologie (Allgemeine Zirkulation der Erdatmosphäre)
Brüning, Eberhard
1925, KM 1979
Amerikanistik
Budach, Lothar
1935, OM 1975
Mathematik (Algebra, algebraische Geometrie, Automatentheorie)
Budig, Peter-Klaus
1928, KM 1980
Technik (Elektrotechnik, elektrische Abtriebstechnik)
Buhr, Manfred
1927, OM 1971

Philosophie (Marxistisch-leninistische Philosophie, Geschichte der klassischen bürgerlichen Philosophie)
Bunke, Olaf
1935, OM 1976
Mathematik (Mathematische Statistik)

David, Heinz
1931, OM 1975
Medizin, (Pathologische Anatomie)
Diehl, Ernst
1928, OM 1973
Geschichte (Geschichte der deutschen Arbeiterbewegung)
Dietze, Walter
1926, OM 1967
Literaturwissenschaft (Germanistik, Geschichte der deutschen Literatur bis zum 19. Jh.)
Donda, Arno
1930, KM 1979
Wirtschaftswissenschaften (Ökonomische Statistik)
Drefahl, Günther
1922, OM 1964
Organische Chemie (Polymerenchemie)
Dutz, Harald
1914, OM 1969
Medizin (Innere Medizin)

Ebeling, Werner
1936, KM 1977
Theoretische Physik, Statistische Physik
Eichhorn, Wolfgang
1930, OM 1973
Philosophie (Historischer Materialismus)
Emons, Hans-Heinz
1930, OM 1973
Anorganische und anorganisch-technische Chemie (Chemie und Technologie der Salze)
Enderlein, Rolf
1936, KM 1981
Festkörperphysik

Engelberg, Ernst
1909, OM 1961
Geschichte (Geschichte der Arbeiterbewegung, Geschichte des 19. Jh., Methodologie)
Engst, Rudolf
1920, KM 1979
Lebensmittelchemie (Ernährungstoxikologie)

Feist, Peter
1928, KM 1974
Kunstgeschichte (Geschichte der Malerei und Kunsttheorie)
Finck, Wilhelm
1929, KM 1977
Nuklearmedizin
Flach, Günther
1932, KM 1978
Theoretische Physik (Mathematische Methoden der theoretischen Physik)
Fleischer, Wolfgang
1922, OM 1980
Deutsche Sprache der Gegenwart (Sprachtheorie, Lexikologie, Namensforschung)
Fratzscher, Wolfgang
1932, OM 1979
Technik (Energiewirtschaft, technische Thermodynamik, chemische Verfahrenstechnik)
Friedrich, Gerd
1928, KM 1975
Politische Ökonomie (Leitung der sozialistischen Industrie)
Frommelt, Horst
1925, KM 1978
Organische Chemie (Makromolekulare Chemie)
Frühauf, Hans
1904, OM 1953
Physik (Elektronik, Informationstechnik)
Fuchs, Klaus
1911, OM 1972
Theoretische Physik (Kernenergetik)

Gajewski, Herbert
1939, KM 1985
Mathematik
Glaser, Roland
1935, KM 1979
Biophysik
Göldner, Hans
1928, KM 1978
Festkörperphysik
Görlich, Paul
1905, OM 1955
Physik (Festkörperphysik)
Graffi, Arnold
1910, OM 1961
Medizin (Experimentelle Pathologie)
Grosse, Rudolf
1924, OM 1976
Sprachwissenschaft (Deutsche Philologie)
Grote, Claus
1927, OM 1974
Physik (experimentelle Hochenergiephysik)
Grunze, Herbert
1923, KM 1973
Anorganische Chemie, Polymerenchemie
Günther, Karl-Heinz
1926, KM 1978
Pädagogik (Geschichte der Pädagogik)

Haenel, Helmut
1919, OM 1969
Ernährungsforschung (Mikroökologie)
Hahn, Erich
1930, OM 1980
Philosophie (Dialektischer und Historischer Materialismus, Soziologie)
Härtig, Helmut
1902, OM 1964
Bergbau-Tagebau

Hartke, Werner
1907, OM 1955
Klassische Philologie, Alte Geschichte und Archäologie
Heine, Horst
1930, KM 1984
Medizin (Herz-Kreislaufforschung)
Heinrichs, Wolfgang
1929, KM 1976
Politische Ökonomie (Zirkulation)
Heise, Wolfgang
1925, KM 1985
Ästhetik, Kunstwissenschaften
Henkel, Otto
1924, OM 1978
Physik (Metallphysik)
Hennig, Klaus
1934, KM 1982
Mechanik (Schalentheorie, Zuverlässigkeit tragender Konstruktionen)
Herforth, Lieselott
1916, OM 1969
Physik (Strahlenschutzphysik)
Herrmann, Joachim
1932, OM 1974
Geschichte der Archäologie (Geschichte des frühen Mittelalters, frühgeschichtliche Archäologie)
Heuer, Uwe-Jens
1927, KM 1979
Staats- und Rechtswissenschaft und -geschichte, sozialistisches Wirtschaftsrecht
Heydenreich, Johannes
1930, KM 1983
Elektronenmikroskopie
Hiepe, Theodor
1929, KM 1983
Parasitologie und Schlafkrankheiten
Hintze, Fritz
1915 OM 1961
Ägyptologie, Meroitistik (Sudanarchäologie)

Höfer, Karl-Heinz
1926, OM 1967
Bergbauforschung (Geomechanik)
Hörz, Herbert
1933, OM 1977
Philosophie (Dialektischer Materialismus und philosophische Probleme der Wissenschaftsentwicklung)
Hofmann, Eberhard
1930, OM 1980
Biochemie, Enzymologie
Hofmann, Ulrich
1931, OM 1970
Physik (Festkörperphysik)
Hohmuth, Karl
1929, KM 1981
Kernphysik/Kernspektroskopie

Irmscher, Johannes
1920, KM 1973
Klassische Philologie, Byzantinistik, Neogräzistik

Jante, Alfred
1908, OM 1953
Technik (Thermodynamik, Kraftfahrtmechanik)
Jonas, Ernst-Wolfgang
1926, OM 1974
Wirtschaftsgeschichte (Geschichte der Produktivkräfte)
Jung, Friedrich
1915, OM 1964
Biochemie (Pharmakologie, Toxikologie)
Junge, Klaus
1926, KM 1979
Physik (Quantenelektronik, Optik, Spektroskopie)

Kalweit, Werner
1926, OM 1973
Politische Ökonomie
Kautzleben, Heinz
1934, KM 1979
Physik (Geomagnetismus, Geodynamik)

Kautzsch, Eberhard
1905, OM 1957
Geologie (Geologie der Sedimente und Lagerstätten mineralischer Rohstoffe)
Keil, Gerhard
1926, OM 1969
Technische Chemie (Erdölverarbeitung, Kohlechemie, Petrolchemie)
Kelbg, Günter
1922, OM 1972
Theoretische Physik (Statistische Mechanik, Theorie der Flüssigkeiten, Theorie der elektrolytischen Lösungen)
Kempe, Volker
1939, KM 1984
System- und Signalelektronik
Kerstan, Johannes
1926, OM 1981
Mathematik
Kirsche, Walter
1920, OM 1974
Medizin (Experimentelle und vergleichende Neuromorphologie)
Klare, Herrmann
1909, OM 1961
Chemie (Polymerenchemie)
Klein, Helmnt
1930, KM 1979
Pädagogik
Klenner, Hermann
1926, KM 1978
Rechtswissenschaft
Klinkmann, Horst
1935, KM 1982
Nephrologie und künstl. Organersatz
Klix, Friedhart
1927, OM 1965
Psychologie (Kognitive Prozesse, Psychophysiologie)
Knepler, Georg
1906, OM 1964
Musikwissenschaft (Musik des 19. und 20. Jahrhunderts)

Koch, Helmut
1932, KM 1976
Mathematik (Algebra und Zahlentheorie)
Köhler, Karl
1896, OM 1964
Eisenhüttenkunde (Metallurgie der Stahlherstellung)
Köhler, Werner
1929, OM 1976
Biologie (Medizinische Mikrobiologie und Immunbiologie)
König, Otto
1929, KM 1969
Chemie (Petrolchemie, hochpolymere Werkstoffe)
Kohlmey, Gunther
1931, OM 1964
Wirtschaftswissenschaft (Weltwirtschaft)
Kolditz, Lothar
1929, OM 1972
Anorganische Chemie (Fluorchemie)
Kosing, Alfred
1930, OM 1971
Philosophie (Systematik der marxistisch-leninistischen Philosophie; Erkenntnistheorie und ihre Geschichte)
Kossok, Manfred
1930, OM 1975
Geschichte (Vergleichende Revolutionsgeschichte)
Koziolek, Helmut
1927, OM 1965
Politische Ökonomie des Sozialismus (Sozialistische Wirtschaftsführung)
Kröber, Günter
1933, KM 1976
Wissenschaftstheorie und -geschichte; Erkenntnistheorie
Kuczynski, Jürgen
1904, OM 1955
Wirtschaftswissenschaft, Wirtschaftsgeschichte
Kunz, Willi
1928, KM 1982
sozialistische ökonomische Integration

Kurke, Herbert
1939, KM 1983
Mathematik (Algebra und Geometrie)
Kutzsche, Werner
1911, KM 1973
Technik (Elektronische Schaltungs- und Meßtechnik)
Kyank, Helmut
1916, OM 1967
Medizin (Physiologie und Pathologie der Schwangerschaft)

Lammert, Ule
1926, KM 1980
Bauforschung, Architektur
Lange, Franz-Heinrich
1909, KM 1970
Physik (Elektronik, Informationstechnik)
Lange, Werner
1913, OM 1964
Metallhüttenkunde – NE-Metalle (Diffusion in Metallen, chemische Thermodynamik)
Lanius, Karl
1927, OM 1969
Physik (Hochenergiephysik)
Laßner, Gerd
1940, KM 1979
Mathematik (Funktionsanalysis, Mathematische Physik)
Lauter, Ernst-August
1920, OM 1964
Physik (Solar-terrestrische Physik, Geophysik)
Lauterbach, Robert
1915, OM 1967
Physik (Geophysik, Biogeophysik, Radiogeochemie)
Lehmann, Edgar
1905, OM 1961
Geographie, Kartographie
Lehmann, Nikolaus Joachim
1921, KM 1980
Mathematik, Kybernetik, Rechentechnik

Lehnert, Martin
1910, OM 1961
Sprachwissenschaft (Englische Sprache und Literatur)
Lekschas, John
1925, KM 1973
Rechtswissenschaft (Strafrecht, Kriminologie)
Lösche, Artur
1921, OM 1965
Physik (Strukturphysik, Hochfrequenzspektroskopie)
Lohs, Karlheinz
1929, OM 1972
Chemische Toxikologie

Markov, Walter
1909, OM 1961
Geschichte (Revolutionsgeschichte)
Markwardt, Fritz
1924, OM 1981
Medizin (Pharmakologie der Herzkreislaufmittel)
Matthes, Klaus
1931, OM 1980
Mathematik (Wahrscheinlichkeitsrechnung)
Matthies, Hansjürgen
1925, OM 1973
Pharmakologie/Neurobiologie
Mayer, Roland
1927, KM 1980
Organische Chemie
Mebel, Moritz
1923, OM 1975
Medizin (Urologie)
Meißner, Herbert
1927, OM 1981
Politische Ökonomie (Geschichte der Politischen Ökonomie)
Merkel, Gerhard
1929, KM 1969
Elektronische Rechentechnik/Kybernetik

Mittenzwei, Werner
1927, OM 1972
Literatur- und Kunstwissenschaft (Deutsche Literatur des 20. Jh., westeuropäische Dramatik des 20. Jh.)
Montag, Gerhard
1929, OM 1970
Technik (Technologie des Maschinenbaues)
Mosch, Wolfgang
1928, KM 1975
Technik (Hochspannungstechnik)
Mottek, Hans
1910, OM 1971
Wirtschaftswissenschaft (Wirtschaftsgeschichte)
Mühlenpfordt, Justus
1911, KM 1969
Physik (Isotopenforschung)
Müller, Hans Joachim
1911, OM 1964
Biologie (Experimentelle Ökologie der Insekten)
Müller, Karlheinz
1931, KM 1972
Physik (Kernphysik, Festkörperphysik)
Müller, Reimar
1932, KM 1981
Kulturgeschichte der Antike
Müller-Stoll, Wolfgang
1909, OM 1964
Allgemeine Botanik (Ökologische Pflanzenphysiologie)
Münze, Rudolf
1930, KM 1979
Physikalische Chemie (Radiochemie, Isotopenchemie)
Mundt, Wolfgang
1935, KM 1981
Geomagnetismus, Erdkrustenphysik

Naumann, Manfred
1925, OM 1978
Literaturwissenschaft (Romanistik, allgemeine und vergleichende Literaturwissenschaft)

Neubert, Albrecht
1930, OM 1973
Sprachwissenschaft (Übersetzungswissenschaft, Soziolinguistik)
Neuner, Gerhard
1929, OM 1972
Pädagogik
Nowak, Siegfried
1930, OM 1978
Chemie (Thermische u. Katalytische Stoffwandlung)
Nussbaum, Helga
1928, KM 1980
Politische Ökonomie des Kapitalismus, Wirtschaftsgeschichte

Ocklitz, Hans-Wolfgang
1921, OM 1980
Pädiatrie (Infektologie)
Oehme, Peter
1937, KM 1985
Pharmakologie (Peptidwirkstoffe)
Öhlmann, Gerhard
1931, OM 1974
Chemie (Katalyse und Kinetik)

Parthier, Benno
1932, KM 1982
Biochemie (Molekular- und Zellbiologie der Pflanzen)
Pasternak, Günter
1932, OM 1979
Medizin (Immunbiologie)
Peschel, Manfred
1932, KM 1979
Mathematik, Kybernetik (Automatisierungstechnik)
Pfeifer, Harry
1929, OM 1978
Physik (Hochfrequenzspektroskopie)
Philipp, Burkart
1925, OM 1971
Physikalische Chemie (Cellulose- und Textilchemie)

Pietsch, Albrecht
1934, OM 1974
Mathematik (Analysis)
Pommer, Kurt
1904, OM 1966
Technik (Elektromaschinenbau)
Pompe, Wolfgang
1942, KM 1985
Werkstofforschung
Poppe, Eberhard
1931, OM 1975
Rechtswissenschaft (Staatstheorie und Staatsrecht, Bildungsrecht)
Prokop, Otto
1921, OM 1964
Medizin (Gerichtliche Medizin, Serogenetik)

Rätzsch, Manfred
1933, OM 1977
Chemie (Technologie der Hochpolymeren)
Rätzsch, Margit
1934, OM 1980
Chemie (Thermodynamik)
Rambusch, Karl
1918, KM 1975
Physik (Kraftwerksanlagen)
Rammler, Erich
1901, OM 1953
Brennstofftechnik, mechanische Verfahrenstechnik
Rapoport, Samuel Mitja
1912, OM 1969
Biologie (Biochemie)
Rathmann, Lothar
1927, OM 1983
Geschichte (Geschichte der nationalen Befreiungsbewegung)
Reichardt, Hans
1908, OM 1964
Mathematik (Zahlentheorie und Differentialgeometrie)

Reinhold, Otto
1925, OM 1969
Politische Ökonomie
Reinisch, Gerhard
1930, KM 1975
Chemie (Makromolekulare Chemie)
Richter, Hans Joachim
1926, KM 1974
Pharmazie (Arzneimittelanalytik)
Rieche, Alfred
1902, OM 1959
Organische Chemie (Technische Chemie)
Rieger, Rigomar
1930, OM 1975
Genetik (Cytogenetik)
Rienäcker, Günther
1904, OM 1953
Anorganische Chemie (Heterogene Katalyse)
Ringpfeil, Manfred
1932, OM 1981
Chemie (Biotechnologie)
Röhrer, Heinz
1905, OM 1955
Bakteriologie, Serologie, Virologie
Rompe, Robert
1905, OM 1953
Physik (Festkörper- und Plasmaphysik)
Rosenkranz, Otto
1911, OM 1964
Agrarökonomie (Betriebswirtschaft landwirtschaftlicher Betriebe)
Rosenthal, Sinaida
1932, OM 1974
Biologie (Biochemie)
Ružička, Rudolf
1920, OM 1966
Sprachwissenschaft (Slawische und allgemeine Sprachwissenschaft)

Sanke, Heinz
1915, OM 1964
Politische und ökonomische Geographie
Schatt, Werner
1923, KM 1977
Werkstoffwissenschaft (Pulvermetallurgie, Metallographie)
Scheel, Heinrich
1915, OM 1969
Geschichte (Deutsche Geschichte der Neuzeit)
Scheler, Werner
1923, OM 1973
Pharmakologie (allgemeine und molekulare Pharmakologie)
Schick, Hans
1937, KM 1982
Organische Synthesechemie
Schirmer, Wolfgang
1920, OM 1961
Physikalische Chemie (Absorption an Festkörperoberflächen)
Schmelovsky, Karl-Heinz
1930, OM 1979
Physik (Elektronik, Signaltheorie)
Schmidt, Karl
1924, KM 1973
Geologie (Geowissenschaften)
Schmidt, Max
1932, KM 1984
Imperialismusforschung
Schmidt, Walter
1930, OM 1985
Geschichte der Arbeiterbewegung
Schmitz, Ernst
1928, KM 1975
Chemie (Organische Chemie)
Schober, Rita
1918, OM 1969
Literaturwissenschaft (Romanische Literaturen und Literaturtheorie)
Schreiber, Klaus
1927, OM 1971
Naturstoffchemie, Biochemie

Schubert, Manfred
1930, KM 1979
Technische Chemie (Anorganische Verfahrenstechnik)
Schubert, Max
1926, KM 1972
Physik (Laserphysik, Spektroskopie)
Schubert, Rudolf
1927, KM 1978
Biologie (Ökologie, Geobotanik, Pflanzensystematik)
Schulz, Gerhard
1927, KM 1978
Politische Ökonomie des Sozialismus
Seidel, Karl
1930, OM 1977
Medizin (Psychiatrie und Neurologie)
Sönnichsen, Niels
1930, KM 1980
Medizin (Dermatologie)
Spangenberg, Hans-Joachim
1932, KM 1977
Physikalische Chemie (Thermodynamik molekularer Systeme, Hochtemperatur- und Plasmachemie)
Spies, Konstantin
1922, KM 1979
Virologie
Steinbrück, Paul
1911, KM 1973
Medizin (Epidemiologie)
Sterba, Günther
1922, OM 1967
Biologie, (Neurobiologie, Neuroendokrinologie)
Stiller, Heinz
1932, OM 1974
Physik (Theoretische Geophysik, Seismologie)
Strzodka, Klaus
1927, OM 1985
Tagebautechnik

Tanneberger, Stefan
1935, KM 1981
Krebsforschung
Taubeneck, Udo
1928, OM 1977
Mikrobiologie
Tembrock, Günter
1918, KM 1975
Biologie (Verhaltenswissenschaften)
Thiele, Helmut
1926, OM 1978
Mathematik (Mathematische Kybernetik, Rechentechnik)
Thießen, Peter
1899, OM 1939
Physikalische Chemie (Physikalisch-chemische Grundlagen der Verfahrenstechnik, Kolloidchemie, Elektrochemie)
Töpfer, Edelhard
1931, OM 1985
Mechanische Verfahrenstechnik (Flotation, Aufbereitung)
Treder, Hans-Jürgen
1928, OM 1966
Theoretische Physik, Kosmologie (Gravitations- und Feldtheorie, mathematische Physik)
Triebel, Hans
1936, KM 1978
Mathematik (Analysis)

Uhlig, Egon
1929, KM 1978
Anorganische Chemie (Koordinationschemie)
Uhlmann, Armin
1930, OM 1972
Theoretische und mathematische Physik (Quantenfeldtheorie, Elementarteilchenphysik)

Voigt, Klaus
1934, KM 1980
Meereskunde

Vojta, Günter
1928, OM 1975
Physik (Statistische Physik und ihre Anwendungen auf Festkörperphysik, Plasmaphysik und physikalische Chemie)

Wangermann, Gert
1934, KM 1985
Biophysik
Watznauer, Adolf
1907, OM 1957
Geowissenschaften (Petrologie und Tektonik)
Weber, Horst
1925, KM 1975
Technik (Fertigungstechnik)
Weichelt, Wolfgang
1929, OM 1985
Staats- und Rechtswissenschaft (Staats- und Rechtstheorie, Staats- und Verfassungstheorie des Sozialismus)
Weissmantel, Christian
1931, OM 1976
Physik (Festkörperphysik)
Werner, Ernst
1920, OM 1973
Geschichte (Mediävistik)
Wieker, Wolfgang
1927, KM 1981
Silikatchemie und Chemie der kondensierten Plaste
Wilhelm, Johannes Paul
1926, KM 1980
Physik (Plasmaphysik)
Wilhelmi, Bernd
1938, KM 1985
Physik (Optik)
Winkler, Rudolf
1927, OM 1976
Physik (Festkörperphysik, Plasmaphysik, wissenschaftliche Grundlagen von Technologien des Maschinenbaus und der Elektronik)

Wolf, Friedrich
1920, KM 1971
Chemie (technische Chemie, Adsorptionstechnik, Grenzflächenchemie)
Wollenberger, Albert
1912, OM 1978
Biochemie und Zellphysiologie
Woschni, Eugen-Georg
1929, KM 1973
Technik (Kybernetik, Hochfrequenztechnik, Informationstechnik)

Ziegenbalg, Siegfried
1929, OM 1975
Chemie (Physikalisch-chemische Metallurgie, NE-Metalle)
Zimm, Alfred
1926, KM 1983
Politische und ökonomische Geographie
Zschieche, Wolfgang
1933, KM 1981
Immunologie

4. DIE ZENTRALINSTITUTE, INSTITUTE UND FORSCHUNGSSTELLEN

1. Forschungsbereich MATHEMATIK und INFORMATIK
1199 Berlin, Rudower Chaussee 5, Tel.: 6741008

Zentralinstitut für Kybernetik und Informationsprozesse
1086 Berlin, Kurstraße 33, Tel.: 2072296

Karl-Weierstraß-Institut für Mathematik
1086 Berlin, Mohrenstraße 39, Tel.: 20770

Institut für Mechanik
9010 Karl-Marx-Stadt, Hans-Beimler-Str. 214, Tel.: 71841

Institut für Informatik und Rechentechnik
1199 Berlin, Rudower Chaussee 5, Tel.: 6743461

2. Forschungsbereich CHEMIE
1199 Berlin, Rudower Chaussee 5, Tel.: 6743360

Zentralinstitut für anorganische Chemie
1199 Berlin, Rudower Chaussee 5, Tel.: 6742092

Zentralinstitut für organische Chemie
1199 Berlin, Rudower Chaussee 5, Tel.: 6745190

Zentralinstitut für physikalische Chemie
1199 Berlin, Rudower Chaussee 5, Tel.: 6742053

Institut für chemische Technologie
1199 Berlin, Rudower Chaussee 5, Tel.: 6743679

Institut für Polymerenchemie „Erich Correns"
1530 Teltow-Seehof, Kantstraße 55, Tel.: 460

Institut für Technologie der Polymere
8010 Dresden, Hohe Straße 6, Tel.: 46580

Forschungsinstitut für Aufbereitung
9200 Freiberg, Straße des Friedens 40, Tel.: 700

Forschungsstelle für chemische Toxikologie
7050 Leipzig, Permoserstraße 15, Tel.: 23920

Forschungsstelle für informationelle Photochemie und Photophysik
1199 Berlin, Rudower Chaussee 5, Tel.: 6743453

3. Forschungsbereich PHYSIK
1199 Berlin, Rudower Chaussee 5, Tel.: 6762497

Zentralinstitut für Elektronenphysik
1086 Berlin, Hausvogteiplatz 5–7, Tel.: 20770

Zentralinstitut für Festkörperphysik und Werkstofforschung
8027 Dresden, Helmholtzstraße 20, Tel.: 46590

Zentralinstitut für Kernforschung Rossendorf
8051 Dresden, Postfach 19, Tel.: 5910

Zentralinstitut für Isotopen- und Strahlenforschung
7050 Leipzig, Permoserstraße 15, Tel.: 23920

Zentralinstitut für Optik und Spektroskopie
1199 Berlin, Rudower Chaussee 6, Tel.: 6743951

Institut für Festkörperphysik und Elektronenmikroskopie
4050 Halle/Saale, Weinberg 2, Tel.: 601312

Institut für Halbleiterphysik
1200 Frankfurt/Oder, Walter-Korsing-Straße 2, Tel.: 3730

Institut für Hochenergiephysik
1615 Zeuthen, Platanenallee 6, Tel.: 6858001

Physikalisch-Technisches Institut
6900 Jena, Helmholtzweg 4, Tel.: 27372

Zentrum für wissenschaftlichen Gerätebau
1199 Berlin, Rudower Chaussee 6, Tel.: 6742981

4. Forschungsbereich GEO- und KOSMOSWISSENSCHAFTEN
1500 Potsdam, Telegrafenberg, Tel.: 4551

Zentralinstitut für Astrophysik
1502 Potsdam-Babelsberg, Rosa-Luxemburg-Straße 17a,
Tel.: 76 20

Zentralinstitut für Physik der Erde
1500 Potsdam, Telegrafenberg, Tel.: 4551

Institut für Geographie und Geoökologie
7010 Leipzig, Georgi-Dimitroff-Platz 1, Tel.: 328003

Heinrich-Hertz-Institut für Atmosphärenforschung und Geomagnetismus
1199 Berlin, Rudower Chaussee 5, Te.l: 6742454

Institut für Kosmosforschung
1199 Berlin, Rudower Chaussee 5, Tel.: 6740

Institut für Meereskunde
2530 Warnemünde, Seestraße 15, Tel.: 580

Einstein-Laboratorium für theoretische Physik
1506 Caputh, Am Waldrand 3/3a, Tel.: 231

5. Forschungsbereich BIOWISSENSCHAFTEN und MEDIZIN
1115 Berlin-Buch, Robert-Rössle-Straße 10, Tel.: 3460

Zentralinstitut für Ernährung
1505 Bergholz-Rehbrücke, Arthur-Scheunert-Allee 114/116,
Tel.: 321

Zentralinstitut für Genetik und Kulturpflanzenforschung
4325 Gatersleben, Corrensstraße 3, Tel.: 50

Zentralinstitut für Herz-Kreislauf-Forschung
1115 Berlin, Wiltbergstraße 50, Tel.: 34880

Zentralinstitut für Krebsforschung
– Robert-Rössle-Institut –
1115 Berlin, Lindenberger Weg 80 , Tel.: 3460

Zentralinstitut für Mikrobiologie und experimentelle Therapie
6900 Jena, Beutenbergstraße 11, Tel.: 850

Zentralinstitut für Molekularbiologie
1115 Berlin, Robert-Rössle-Straße 10, Tel.: 346 2362

Institut für Biochemie der Pflanzen
4020 Halle/Saale, Weinberg 3, Tel.: 601312

Institut für Biotechnologie
7050 Leipzig, Permoserstraße 15, Tel.: 2392225

Institut für Neurobiologie und Hirnforschung
3090 Magdeburg, Leipziger Straße 44, Tel.: 672883

Institut für Wirkstofforschung
1136 Berlin, Alfred-Kowalke-Straße 4, Tel.: 51630

Forschungsstelle für Wirbeltierforschung
(im Tierpark Berlin)
1136 Berlin, Am Tierpark 125, Tel.: 5201301

6. Forschungsbereich GESELLSCHAFTSWISSENSCHAFTEN
1086 Berlin, Otto-Nuschke-Straße 10–11, Tel.: 2208673

Zentralinstitut für Alte Geschichte und Archäologie
1086 Berlin, Leipziger Straße 3–4, Tel.: 22360

Zentralinstitut für Geschichte
1100 Berlin, Prenzlauer Promenade 149–152, Tel.: 47970

Institut für Allgemeine Geschichte
1100 Berlin, Prenzlauer Promenade 149–152, Tel.: 4797241

Zentralinstitut für Literaturgeschichte
1100 Berlin, Prenzlauer Promenade 149–152, Tel.: 47970

Zentralinstitut für Philosophie
1086 Berlin, Otto-Nuschke-Straße 10–11, Tel.: 2208211

Zentralinstitut für Sprachwissenschaft
1100 Berlin, Prenzlauer Promenade 149–152, Tel.: 47970

Zentralinstitut für Wirtschaftswissenschaften
1100 Berlin, Prenzlauer Promenade 149–152, Tel.: 4797130

Institut für Ästhetik und Kunstwissenschaften
1086 Berlin, Unter den Linden 8, Tel.: 2070489

Institut für Soziologie und Sozialpolitik
1086 Berlin, Otto-Nuschke-Straße 10–11, Tel.: 2208355

Institut für Theorie, Geschichte und
Organisation der Wissenschaft
1100 Berlin, Prenzlauer Promenade 149–152, Tel.: 4720132

Institut für Theorie des Staates und des Rechts
1086 Berlin, Otto-Nuschke-Straße 10–11, Tel.: 2208302

Institut für Wirtschaftsgeschichte
1100 Berlin, Prenzlauer Promenade 149–152, Tel.: 4797261

Institut für sorbische Volksforschung
8600 Bautzen, Ernst-Thälmann-Straße 6, Tel.: 42794

5. WISSENSCHAFTLICHE UND SONSTIGE EINRICHTUNGEN

Wissenschaftliches Informationszentrum
1040 Berlin, Schiffbauerdamm 19, Tel.: 2825571

Hauptbibliothek
Bereich des Wissenschaftlichen Informationszentrums
1086 Berlin, Unter den Linden 8, Tel.: 2070487

Wissenschaftlich-methodisches Zentrum
für gesellschaftswissenschaftliche Information
und Dokumentation
1086 Berlin, Leipziger Str. 3/4, Tel.: 2236220

Zentrales Archiv
1086 Berlin, Otto-Nuschke-Str. 22/23, Tel.: 2070221

Kustodie
1086 Berlin, Leipziger Str. 3/4, Tel.: 2236389

Deutsche Literaturzeitung für Kritik
der internationalen Wissenschaft
1086 Berlin, Leipziger Str. 3/4, Tel.: 2236252
Herausgeber
Ordentliches Mitglied Werner Hartke

Redaktion „wissenschaft und fortschritt"
1086 Berlin, Leipziger Str. 3/4, Tel.: 2236205
Herausgeber
Akademie der Wissenschaften der DDR

Redaktion „Jahrbuch der AdW der DDR"
1086 Berlin, Otto-Nuschke-Str. 22/23, Tel.: 2070282
Herausgeber
Präsident Werner Scheler

Redaktion „spectrum"
1086 Berlin, Otto-Nuschke-Str. 22/23, Tel.: 2070408

Akademie-Verlag Berlin
1086 Berlin, Leipziger Str. 3/4, Tel.: 2236356

Verlag Hermann Böhlaus Nachfolger
5300 Weimar, Meyerstr. 50a, Tel.: 2071

VEB Druckhaus „Maxim Gorki"
7400 Altenburg, Carl-von-Ossietzky-Str. 30/31, Tel.: 5315

VEB Druckerei „Thomas Müntzer"
5820 Bad Langensalza, Neustädter Str. 1/4, Tel.: 2321/22

VEB Druckerei „Gottfried Wilhelm Leibniz"
4450 Gräfenhainichen, Johann-Gutenberg-Platz 1, Tel.: 481

VEB Druckhaus Köthen
4370 Köthen, Straße der Thälmannpioniere 11/12, Tel.: 6151

VEB „Kongreß- und Werbedruck"
9273 Oberlungwitz, Karl-Marx-Str. 104/106, Tel.: 2946

6. DER AKADEMIE ZUGEORDNETE WISSENSCHAFTLICHE GESELLSCHAFTEN

Biologische Gesellschaft der DDR
1040 Berlin, Friedrichstr. 129, Block F, Tel.: 2125226
Präsident
Prof. Dr. sc. nat. Lothar Kämpfe

Chemische Gesellschaft der DDR
1080 Berlin, Clara-Zetkin-Str. 105, Tel.: 2292554/55
Vorsitzender
Prof. Dr. sc. nat. Egon Fanghänel

Geographische Gesellschaft der DDR
7010 Leipzig, Dimitroffplatz 1, Tel.: 312773
Präsident
Prof. Dr. sc. nat. Heiner Barsch

Gesellschaft für Geologische Wissenschaften der DDR
1040 Berlin, Invalidenstr. 43, Tel.: 2826490/60
Vorsitzender
Prof. Dr. sc. nat. Manfred Störr

Gesellschaft für physikalische und mathematische Biologie der DDR
1080 Berlin, Am Kupfergraben 7, Tel.: 2000691
Vorsitzender
Korrespondierendes Mitglied Roland Glaser

Gesellschaft für Weltraumforschung und Raumfahrt der DDR
1034 Berlin, Simon-Dach-Str. 13, Tel.: 5892216
Präsident
Prof. Dr. sc. nat. Ralf Joachim

Historiker-Gesellschaft der DDR
1086 Berlin, Unter den Linden 2, Tel. 2000591
Präsident
Ordentliches Mitglied Heinrich Scheel

Mathematische Gesellschaft der DDR
1071 Berlin, Paul-Robeson-Str. 10, Tel. 4483514
Vorsitzender
Prof. Dr. sc. nat. Rolf Klötzler

Der Herausgeber möchte die Gelegenheit benutzen, um alle Interessenten, die sich eingehender mit Aufgaben, Profil und Entwicklung der Akademie der Wissenschaften der DDR vertraut machen wollen, auf

- die Monatszeitschrift „spectrum" der AdW der DDR,
- die Jahrbücher der Akademie der Wissenschaften (Akademie-Verlag Berlin),
- das Buch von Werner Hartkopf: Die Akademie der Wissenschaften der DDR – Ein Beitrag zu ihrer Geschichte, Akademie-Verlag Berlin 1975, hinzuweisen.

Anfragen können gerichtet werden an die

- Presseabteilung der Akademie der Wissenschaften der DDR,
  1086 Berlin,
  Otto-Nuschke-Straße 22/23
  Telefon 2070322

Fotonachweis:
ADW/Fröbus: S. 25–27, 30, 35, 49–56, 58–61, 64–68, 72, 74, 79, 80, 81, 97, 98, 102, 104, 108–112, 122–124, 126–128.
ADW/Petras: S. 12, 22, 47, 48, 94, 95, 99, 113, 125, 129, 130–132.
ADW/Schäfer: S. 73.
Zentrales Archiv der AdW: S. 16, 18, 19, 22, 93.
ADN/Zentralbild: S. 36, 103.
ZIAGA: 75.

FSC
www.fsc.org
MIX
Papier | Fördert gute Waldnutzung
FSC® C083411

Kolibri 360 GmbH
Ferdinand-Jühlke-Straße 7
99095 Erfurt, Deutschland
produktsicherheit@kolibri360.de